U0013291

聚眾商機

互動 × 黏著 × 擴散，
9步思考打造高互動社團

Get Together

How to build a community
with your people

貝莉・理查森 Bailey Richardson、黃凱文 Kevin Huynh
凱伊・埃爾默・索托 Kai Elmer Sotto　著　　　　　張聖晞 譯

寫在前頭

富有感染力的社群*看似夢幻，卻絕非能一步登天。《聚眾商機》是一本教導讀者如何打造社群──為了共同關心的事情而凝聚──的手冊。不論你想成立路跑團、幫助直播主貼近粉絲或展開教育運動，都需要明白凝聚人們的關鍵在於「與人們一同打造社群」，而非「為他們打造社群」。

本書由 People & Company 團隊撰寫，依據打造社群的每個階段，提供多樣的故事、問題引導及參考原則，幫助讀者培養充滿熱情的群眾。每個組織都有建立及維繫蓬勃社群的潛力，本書將帶領讀者見證，無論你是公司或顧客、藝術家或粉絲、策劃者或倡導者，當人們攜手合作時，能完成的成就都將比獨自一人時更多。

---

*編按：本書的「社群」一詞是指各種因為關心相同事物而聚集的群體，包含 FB 社團、實體社團、店家群組、網路論壇等，並非單指 Line、IG 等社群媒體。

致　謝

　　一個人能致贈的最棒禮物，就是激勵他人培養勇氣。如果人們勇於作為，他們可以做到任何真正想做的事情。因為，他們將得以規劃自己的人生。

—馬雅‧安傑洛（Maya Angelou）
作家、詩人及社會運動家

獻給我們的家人：蕾妮、布魯斯、佩瑞、希拉、克里斯、傑夫、洋子、羅伯特、黛安娜、拉尼、貝拉、凱拉。你們使我們變得更勇敢。

　　　　　　　　　　　　　　　　　—貝莉、凱文及凱伊

目錄 CONTENTS

Part II
增添柴火
站穩腳步：和夥伴凝聚在一起

Part III

傳遞火把

擴大影響：和夥伴一起成長

Why build a community

跨出第一步，讓你的熱情點燃社群

過去三年，我們三人花了許多時間與善於凝聚人們的人共處。我們曾在某個晚上，與上百位民眾在多倫多郊區的活動中心演奏約翰・藍儂（John Lennon）與小野洋子（Yoko Ono）的〈想像〉（*Imagine*）；曾在某個下午造訪記者洛拉・奧莫洛拉（Lola Omolola）位於芝加哥的家，她在那裡經營一個由 180 萬名奈及利亞婦女組成的 Facebook 私人社團；也曾在某個冬夜，與路跑團沿著紐約曼哈頓 190 街跑步。

　　我們與這些傑出人士交流、請益，精進我們對於如何打造繁榮社群的瞭解。今日，「社群」的意思可能眾說紛紜，但社群其實就是一群人，因為他們關心的事情而不斷相聚。而最具活力的社群能提供機會，讓成員憑著熱情彼此互動。

　　與這些俱樂部、網絡及社群對話後，我們發現，凝聚人們的祕訣是：「與人們一同打造社群」，而非「為他們打造社群」。

新手努力經營、管理社群，偉大的領袖則培育更多領袖。在打造社群的過程中，幾乎遇到任何挑戰時都可以先問問自己：「我如何『與人們共同克服挑戰』，而非『為他們克服』？」換句話說，打造社群應該是「與人們合作」的漸進過程——與他人一起，一步一步做得更多。

這乍聽簡單，卻是關鍵。哈佛大學教授羅伯特・帕特南（Robert D. Putnam）用「社會資本」（social capital）來闡述互惠關係的價值。他將社會資本與其他資本做比較：「就像螺絲起子（物質資本）或大學文憑（人力資本）能增加個體或群體的生產力，社會互動也能有相同的影響。」[1] 社會資本與其他資本一樣是資產，每一個人獨自能做的有限，與他人連結卻能擴展我們的潛能。

---

1 取自羅伯特・帕特南的著作《獨自打保齡球：美國社區的衰落與復興》（*Bowling Alone: The Collapse and Revival of American Community*）

當然，不依賴蓬勃發展的社群也能成就偉大的事，但聚眾的力量——無論是公司與顧客、藝術家與粉絲、策劃者與倡導者——促使你達成遠超過自己所能成就的事情，過程也更有趣。

本書的核心就是這項簡單的概念：「共同打造社群」，它蘊含在打造社群三階段——點燃火苗、增添柴火、傳遞火把——的每一步裡。

本書的觀點總結了我們參與、指導及研究過的上百個社群的經驗。我們曾協助擴展以Instagram、創意早晨（CreativeMornings）及eBay為核心的全球社群，成立 People & Company後，則開始幫助大大小小的客戶打造、壯大社群，包含像耐吉（Nike）的大公司或像美國教育營（Edcamp）的非營利組織。

本書不會探討人們為什麼需要社群、分析當前社群數量下降的趨勢，或分析有組織的社群如

何帶來政治改革，這些主題就交由更專業的人分享。我們期待透過本書幫助你確實釐清自己社群的下一步究竟該怎麼走。

社群的打造者有許多稱號，可能是自認有抱負的創辦人、策劃者、社群管理員、主持人或善於交際者。不論是什麼身分，我們在書中統一稱為「領袖」。

請記得，如果沒有人願意跨出第一步，你渴望看見的社群就不會實現。好消息是，培育閃閃發光的社群就像生火一樣，有步驟可依循。期待本書在這趟旅程中引導你，「你」有點燃社群的能力，不要坐等自己心目中的社群出現，你自己就是改變的力量！

我們開始吧！

——貝莉、凱文及凱伊
People & Company

---

* 若想深入認識本書介紹的社群，歡迎至 gettogetherbook.com，收聽訪談、閱讀完整訪談記錄，並瞭解如何參與各項活動。

死滅的灰燼無法生火，
毫無生氣的人無法激發熱情。

—鮑德溫（Baldwin）

I

Spark the flame

點燃火苗

起手式：聚集你的同路人

生火的第一步就是找火種。同樣的道理，打造社群的第一步，
就是聚集你的同路人。不論是成立慢跑團或凝聚網路創作者，
起手式都一樣。找出和你有相同目標的人，一起進行活動，並
讓他們開始對話交流。

如果沒人參加活動呢？如果別人不像自己那麼有熱情呢？千萬
別讓這樣的恐懼阻止你（或你的組織）去凝聚人們。社群看似
夢幻，卻絕非一蹴可幾。在社群創立的起步階段，像你一樣有
勇氣又願意跨出第一步的領袖是無可取代的。

Pinpoint your people

聚焦，找出革命夥伴

從小在紐約市華盛頓高地社區（Washington Heights）長大的赫克特・埃斯皮諾（Hector Espinal）從沒想過自己有一天會成為跑者。赫克特告訴我們：「我不是運動咖，從沒打過任何球類運動，我們家裡的男生都愛運動，但我一直是那個怪咖。」[2] 他和朋友們覺得社區環境難以讓人享受健康的生活，畢竟這裡的街角開滿速食餐廳，卻連供兒童玩樂的公共遊樂場都很少。

赫克特在 23 歲經歷了一次慘痛的分手，之後在妹妹的鼓勵下，一起為健康而跑。開學後，赫克特只能自己跑步。他說：「我知道自己跑過幾個街口後，就會散步或往回走。」於是他邀請朋友一起加入，「我到社群網站上公開邀請其他人跟我一起減重，我會在手機記事本打上『168 街和

---

2. 赫克特・埃斯皮諾於 Get Together Podcast 節目第六集裡表示。

百老匯大道交叉口見，今天會跑到橋上』」。他將文字截圖後，轉寄給所有認識的人，並轉貼到Facebook。

赫克特每週發出邀請，最終聚集了一群固定一起慢跑的跑者。慢跑團早期的組成十分引人注目，包含各種社會階層、年齡層、種族等，他們都跟赫克特一樣期待與社區的人一起跑步。赫克特解釋：

在上城區慢跑並不常見，尤其是像我們這樣的群體慢跑。或許你看過中年白人沿著紐約市河濱道（Riverside Drive）長跑，但你從未看過有人在曼哈頓的百老匯大道、阿姆斯特丹大道（Amsterdam Avenue）或華盛頓堡大道（Fort Washington Avenue）慢跑。因此，我們一大群人一起慢跑，與當地居民原本熟悉的景象截然不同。

赫克特說:「最初成立上城慢跑團只是為了讓我更健康,但這五年來,它讓我用超乎想像的方式幫助社區,並拓展我的視野。」

Photo by Kai Elmer Sotto

　　赫克特與朋友滿足社區居民的需求,點燃社群成立的火苗,而社群的成長更超乎他們想像。

　　如今,由赫克特草創的上城慢跑團(We Run Uptown,簡稱 WRU Crew)已成立六年,即便在寒冷的冬夜,每週一晚上 7 點 15 分一到,多達

200 名跑者一定會在同一個地點聚集，在街坊鄰舍的加油打氣聲下沿著社區路段慢跑。

如果想要點燃自己的社群，首先得找到同路人，他們是你的火種，也是你的盟友，他們與你關心相同的事物，甚至願意與你一起聚集人群、實現夢想。儘管草創期的人數不多，但第一批人卻最有影響力，並將決定團隊的未來文化和方向。

如果想弄清應該優先關注哪些同路人，可以從這兩個問題著手：

1. 我想要聚集「什麼樣的人」？
2. 「為什麼」我們這群人要聚集在一起？

對赫克特而言，答案很明確：他聚集和自己一樣需要跑步動力的左鄰右舍。你的答案一定不一樣，然而，不論打造社群多麼費力，創始領袖

都應該明確定義自己想要聚集「什麼樣的人」，
以及「為什麼」要聚集這些人。

◆ **創立社群的步驟**

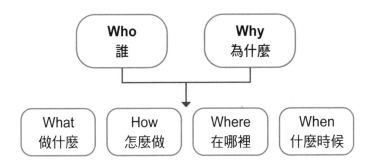

找出與你同行的夥伴

打造社群不只關乎「你」和「你能做的」，最
重要的是「你和你的人能『一起』做什麼」。在決
定做什麼之前，讓我們先細談這些人究竟是誰。

在這個階段，我們得尋找一群在社群蓬勃發展前就充滿熱情的夥伴。

你可以透過以下問題，幫助自己更明確知道他們是誰：

1. 我關心「哪些人」？

2. 我與「哪些人」有共同興趣或相似身分？

3. 我想要幫助「哪些人」？

不論你是透過個人反思、與人對談、商管策略或資料分析來決定對象，都要記住一個重點：千萬別硬拗或欺騙自己內心真實的感覺。真實的熱情才能吸引充滿真實熱情的人，當你對自己聚集人們的目的堅定不移，你的一舉一動會自然流露出你的真誠。

耐心尋找同路人

如果你既有的組織有興趣打造社群，那麼該如何從目前的顧客、使用者或志工的茫茫人海中找出合適的一群人呢？

Justin.tv 的草創期可謂一波三折，他們花了四年才發現自己早已擁有打造社群的火種。Justin.tv 於 2007 年推出，早期只直播共同創辦人簡彥豪（Justin Kan）24 小時的日常生活。不久後，簡彥豪和團隊決定開放平台，讓任何人都能透過攝影機、手機、電視，將他們的日常生活放到網路上直播給全世界看。

Justin.tv 的初期數據顯示，使用者特別喜歡觀賞彼此直播的足球、籃球和橄欖球等運動賽事以及電競賽事。共同創辦人艾米特・薛爾（Emmett Shear）告訴《富比士雜誌》（*Forbes*）：「使用者

將他們的 Xbox 連上後直播，我們從未想過能這樣使用平台。」[3] 電競玩家為平台注入新活力，而他們也獲得 Justin.tv 的栽培，成為與 Justin.tv 一同打造社群的盟友。到了 2011 年，隨著電玩類別快速成長，Justin.tv 創辦團隊甚至推出以電玩為核心的全新直播平台 Twitch（又譯推趣），艾米特目前也任職該平台的執行長。

在 Justin.tv 推出 12 年後，如今每天吸引近 50 萬用戶上線直播。[4] 玩家直播的遊戲包括《星海爭霸 II》（*StarCraft II*）及《快打旋風》（*Street Fighter*），他們也建立起自己的社群，除了觀看直播外，觀眾也能透過聊天室和彼此或直播主互動。在任何時間點，Twitch 網站都有超過百萬名使用

---

3. 〈電玩版的 ESPN 電視台〉（The ESPN of Video Games），大衛・M・埃瓦爾特（David M. Ewalt）撰寫，《富比士》。
4. 「Twitch 假期特別活動」（The Twitch Holiday Spectacular），Twitch，twitch.tv。

者——包含觀眾及直播主——在線互動。Twitch
也在全球舉辦實體電競活動，像是著名的 Twitch
嘉年華（TwitchCon）。

Twitch 與一群菁英玩家組成 Twitch 實況盟友
計畫（Twitch Partner Program），[5] 盟友除了享有
某些福利之外，還可以透過平台的專屬功能賺取
收入，Twitch 則從中抽成。隨著盟友觀看次數和
收入提高，平台也跟著獲利。

Justin.tv 檢視「誰」是主要使用族群後，便加
倍努力培育電動玩家的族群，並根據他們的需求
調整公司的使命。

不論你在像 Twitch 一樣的平台、小型企業，
或是在非營利組織工作，身邊或許都圍繞著一群
潛在的「夥伴」。既然任何一組人都有潛力發展成

---

5. 「加入實況盟友計畫」（Joining the Affiliate Program），Twitch，help.twitch.tv。

充滿活力的社群，那我們到底該從哪些人開始呢？

首先，讓我們問自己兩個問題：

1. 哪些人可以為團隊注入活力──也就是說，哪些人已深度參與並做出貢獻？

先從正在積極參與的成員開始，而非強迫參與者產生動機。

2. 假設社群持續成長茁壯，哪些是你想要繼續合作的人？

良好的社群需要長期經營。若想長久發展，你需要依賴哪些人呢（例如：超級用戶、忠誠顧客、捐贈者或充滿熱情的員工）？哪些人又是你希望栽培的？

在你開始行動前，請務必確保自己及成員們

Twitch 不斷投資直播主的社群,麥克(帳號名:@Veritas)是 Twitch 的實況盟友 (Twitch Partner),也是一名機器人技術工程師。他表示:「我很討厭自己宅在家打 電動的感覺,多人模式推出後,我能和朋友一起上線,打電動變成一項社交活動。」
Photo courtesy of Veritas

願意積極與特定群體長期合作。這個社群不會一 夕成名,而是得長時間投入才可能蓬勃發展。如 果想看到它活躍起來,就必須認真栽培成員。

　清楚自己的社群會吸引「什麼樣的族群」後, 接著必須明確定義「聚集的目的」。

想清楚為了什麼聚在一起

蓬勃發展的社群需要共同的目的，也就是說，成員必須對「為什麼要聚在一起」有清楚的答案。

「共同」是關鍵字，你定義的目的必須吸引大家參與，並願意與你一起合作，而非出於自私或由單一領袖片面推動的目的。如果合作的目的若只著眼於個人利益，終將無法打造願意與你同行的群體。相反地，成立目的愈能產生共鳴，便愈能激發成員的行動力。

成立社群的目的，可能像 WRU 慢跑團一樣，是讓成員對彼此負責，讓跑者在不斷改變的社區裡，鼓勵彼此保持健康。

成立社群的目的也可能是為了某族群創造價值，就像 Twitch 平台與知名電競實況主合作，提供訂閱者更吸睛的內容和影片，而影片所產生的

營收則用來支持平台及其玩家。

　　成立社群的目的也可能是想帶來改變。我們最欣賞的行動組織之一就是「衝浪者基金會」（Surfrider Foundation），三名衝浪者在 1984 年時於平常衝浪的加州馬利布市（Malibu, California）成立基金會，目的是為了停止當地因過度開發造成的環境污染。[6] 如今，衝浪者基金會共有 190 個分會、50 萬名志工及支持者，在世界各地倡導環境保育。分會之間也會分享資源與資訊，甚至為了保護海洋、海浪及海灘而組成不同聯盟。[7]

　　為確保社群的目的是以成員的需求為中心，並體現了你們一起才能達成的目標，請思考以下問題：

---

6. 查德‧尼爾森（Chad Nelson）於 Get Together Podcast 節目第七集中表示。
7. 《使命宣言》（Mission），衝浪者基金會，surfrider.org。

1. 我的成員需要多一點什麼？

2. 我們期待看到什麼樣的改變？

3. 有什麼問題只有我們能解決？

當你愈清楚聚集的目的以及想要聚集什麼樣的人時，愈能決定下一步該怎麼做。

◆ 寫下社群成立的目的

我們的社群……

Who
聚集了哪些人？　＿＿＿＿＿＿＿＿＿

＿＿＿＿＿＿＿＿＿＿＿＿＿＿＿＿＿＿＿

讓我們可以……

Why
為什麼聚集？　＿＿＿＿＿＿＿＿＿＿＿

＿＿＿＿＿＿＿＿＿＿＿＿＿＿＿＿＿＿＿

範例：我們的社群聚集了翻車魚的粉絲，讓我們可
　　　以每天歡慶牠的美麗。

列出盟友名單

當你試著點燃社群的火苗時，千萬別小看人脈的力量。只有當你成功聚集了第一批盟友時，你才真正稱得上是社群領袖。

你的潛在盟友名單上有誰？那些早期扮演社群火種的盟友，他們的名字是什麼？你想要與哪些人一起共事？第一時間會想到誰呢？

不論你是獨自發起或是有組織支持，創始成員大多是你已經認識的人。因為有關係，人們更願意與你一起挑戰新事物。名單上或許是一些與你有共同熱情的朋友，也可能是你設計的手機app 中使用率極高的用戶。你不妨現在就開始行動，寫下他們的姓名及聯絡方式吧！

當然，我們無法預知有誰會立刻被社群的目的吸引，因此，我們可以擴展邀請名單，透過社

群網站貼文、部落格文章或電子郵件發出信號，分享參與社群的主要對象及成立目的。如果名單上的人或他們認識的朋友想參加首發活動，就讓他們報名或瞭解活動內容。請記得，那些願意付出關心的人會比漠不關心的人更有影響力，他們是社群從無到有的關鍵人物。

在包容與排他之間找到平衡

許多團體都是由彼此相識的一群好友所創立，因此社群初期的同質性往往比較高。我們該如何讓成員更多元呢？帕特南在他的著作《獨自打保齡球》中參考羅斯・吉塔爾（Ross Gittell）及安維斯・維達爾（Avis Vidal）的研究，提出讓社群更多元的兩種架構：搭橋（bridging）與連結（bonding）。

帕特南說明，以「搭橋」為導向的社群，目的在於連結不同群體的人，使他們分享資源、想法、技能及資訊。帕特南以合唱團和志工服務隊為例，這些團體往往吸引到文化背景截然不同的成員，並以「向外」為出發點。

　　以「連結」為導向的社群，目的則在於團結、互惠與相互支持，這些社群往往以「向內」為導向，強調群體的同質性及身分。我們也訪問並指導過許多以連結為導向的社群，像是科技業的女性團體或酷兒晚餐俱樂部。

　　帕特南指出，「搭橋」與「連結」不是嚴格的二分法，畢竟一個社群可以在不同領域裡建立橋樑和連結，並非只能二選一。以線上聊天室為例，一個聊天室能橫跨不同的地理位置、性別、年齡層及宗教來「建立橋樑」，也能因著相似的教育程度及理念而「建立連結」。

連結感就像「黏著劑」，使正經歷痛苦、孤獨及脆弱的人得到力量和支持。但帕特南也警告，過度強調連結感的團體，往往會導致「強烈群外對立」（strong out-group antagonism），對外來者懷有敵意。例如，3K黨（Ku Klux Klan）便是這種連結感團體的代表，這些敵視外部、懷有惡意的團體嚴格定義自己人的身分，並刻意去憎恨、傷害、排斥與他們不同的人，這是非常不妥的。

　　如果你像我們一樣，提倡多元及包容的價值觀，到底該如何為特定群體營造安全的空間，同時又避免社群排外？

　　請一再思索以下幾個問題：

1. 我的社群成員無意之間在哪些面向有所連結？

　　請察覺自己社群的多元程度，並探究社群缺乏多元性的原因。例如，如果你想創立線上共享

資訊平台，團隊裡的編輯卻以男性為主，便容易降低網站資訊的廣度和完整性。

2. 我如何給予刺激，讓社群變得更多元？

社群成立初期或許會吸引較多高同質性的成員，不過你也能促成改變，找機會縮短不同群體的距離，不論是性別、文化、專業領域、年齡層或社經背景。請與現有成員合作，並主動邀請與你擁有相同目標的新一批成員。（詳盡步驟請參見「第四步：讓更多人呼朋引伴加入社群」）。

雖然上城慢跑團初期是由赫克特在上城區的夥伴所組成，如今卻已囊括幾百位來自不同社區、階級、種族及年齡層的人。

赫克特與共同創辦人喬許・馬克（Josh
Mock）決定上城慢跑團不只限於自己的社區，也
歡迎各色背景的新成員加入。他們在對外公開的
照片中明確呈現慢跑團的多樣性，貼文也表示：
「不管你跑得慢或快都歡迎加入，別忘了帶上一
位朋友！」[8] 這樣促進多樣性的決心已成為這個
社群的文化，每次我們搭火車去博德加披薩店
（Bodega Pizza）參與上城慢跑團週一晚上的慢跑
時，許多成員都會主動向我們打招呼、自我介紹，
讓我們感覺自己受到歡迎。赫克特表示：

　　我曾看過外科醫生和毒販慢跑後一起吃披薩、喝
啤酒。他們根本不知道對方是什麼行業，那也不是談
話的重點。看到這個情景，我跟喬許都笑了，如果不

---

8. 「週一系列」（Monday Series），上城慢跑團，werunuptown.com。

是因為這個社群，他們可能不會相識、聊天。將不同生活層面、年齡層的人聚集在一起，這就是慢跑團的功能。

若沒有像赫克特這樣以社群成員組成的多元化發展為傲的領袖，社群組成極有可能與創立初期差不多。想要吸引並歡迎不同類型的人，務必在初期的成員之間建立這樣的文化，並讓它成為號召、培育和發展社群過程中的首要責任與目標。

找出與你同行的夥伴

如果要與一夥人建立社群，首先你得知道這群人是誰、聚集的目的是什麼。

展開任何行動之前，先嘗試釐清以下幾個問題：

1. 你想要聚集哪些人呢？

若以你個人而言：

✓ 我最關心哪些人？

✓ 我與哪些人擁有共同的興趣或相似的身分？

✓ 我想要幫助哪些人？

若以組織而言：

✓ 哪些人為團隊注入活力？也就是說，哪些人已深入參與並做出貢獻？

✓ 假設社群持續成長茁壯，哪些是你想要繼續合作的人？

2. 為了什麼聚集在一起？

上城慢跑團聚集跑者彼此激勵；Twitch 聚集電競玩家，使他們玩遊戲時不會孤單。請先釐清你和夥伴願意一起實現的共同目標。

✓ 我的成員需要多一點什麼？

✓ 我們期待看到什麼樣的改變？

✓ 有什麼問題只有我們能解決？

Do something together

一起玩活動，讓樂趣加倍

現在你知道自己社群的組成有「哪些人」以及他們聚集的「目的是什麼」，這時你便已集結了火種。接下來，讓我們號召大家一起，參與社群的第一次實體或網路活動。

社群是圍繞著共同的活動而生，有些活動無法一個人做，有些活動就算能單獨做，跟一群人一起做卻會讓樂趣加倍。

跑步原本是孤獨又累人的活動，赫克特卻透過上城慢跑團使它變得輕鬆有趣；Twitch 則讓原本各自孤立的玩家在遊戲時互動。本書後面也會介紹其他社群，它們進行的各種活動包含一起測試新食譜、創作雜誌、研究個人理財，甚至只是單純地欣賞雲朵。成員們「一起」做某件事來實現社群成立的目的。換句話說，志趣相投卻獨自運作的個體，還稱不上是個社群。

若要決定社群的核心共同活動是什麼，可以
先問問自己：有什麼事情是你的夥伴所渴求，而
且一起進行和體驗會比獨自一人來得更好？

啟動連鎖反應的那場聚會

　　雖然我們不鼓勵施壓法的減重方式，但不可
否認 Weight Watchers（減重監察員，現稱 WW）
的社群影響力令人讚嘆。一名 WW 成員表示，全
球一週內就有 3 萬場實體工作坊，聚會地點無所
不在，從大城市（英國倫敦）到偏遠小鎮（奧克
拉荷馬州硫黃鎮）通通都有。

　　究竟 WW 是怎麼開始的？這個龐大的組織始
於 1961 年，創辦人在自己紐約皇后區的公寓舉行
的一場小聚會。

　　30 多歲的琴・尼德契（Jean Nidetch）在市立

減重診所的協助下，終於達成多年以來的減重目標。她興奮地跟六位也在努力減重的朋友分享自己學到的減重計畫。尼德契在自傳中寫道：「一開始，我很謹慎地挑選邀請對象……因為我很擔心沒人到場。結果她們全都來了。」[9]

那天晚上，琴把自家客廳打造成一個安全的環境，讓參加的女士們展現自己脆弱的一面，吐露自己減重時面對的挑戰。琴寫道：「每個人對於吃東西，都有因為羞恥而未曾說出來的故事。對我們來說，能克服內心的尷尬，第一次坦白講出這些事情，真是如釋重負。」琴對她們的遭遇感同身受，知道許多人與她一樣，多年來獨自面對、思考自己該如何減重。在 1960 年代初期，還沒有這樣的安全空間能讓她們互相支持與坦白，

---

9. 出自《琴‧尼德契的故事：自傳（暫譯）》（*The Jean Nidetch Story: An Autobiography*），琴‧尼德契著。

而當時的這個空間，便是如今眾所皆知、跨越多國的 WW 社群的火苗。

在成立初期，成員們嘗試琴設計的減重計畫，並且每週聚在一起討論自己的減重成效。在兩個月內，每週都有將近 40 位女性前往琴的住家聚會，每週數次。她也開始接到來自紐約市各地的電話，這些人聽說了她的社群，想要瞭解更多。到了 1963 年某個五月的早晨，在紐約皇后鎮小頸社區（Little Neck）的一間電影院樓上，琴舉辦了 WW 的首次公開活動，超過 400 人在場外排隊。為了支付活動的成本費，她向每人收取 2 美元的入場費。

不久後，WW 計畫的結業者開始詢問能否將這項計畫帶到其他城市。從琴的第一次自宅聚會到 1967 年，WW 在短短六年間已拓展到 35 國；一年後，琴的公司正式上市。

1969 年，琴於肯塔基州路易維爾市（Louisville, Kentucky）舉辦的工作坊。
Photo by Phillip Harrington/Alamy Stock Photo

　　如今，群體的支持仍是世界各地 WW 聚會的核心。我們的好友艾米・里德（Amy Reeder）──一名 WW 成員及漫畫家──告訴我們：「聚會時，我們大部分的時間都在坦承難處，並在成員遭遇問題或低潮時給予建議。」為了促進成員彼此鼓

勵和支持，WW 堅持在聚會中營造可以敞開心房、分享內心的環境，這也是琴的首次聚會如此特別的原因。

設計你的第一項活動

不論你是要為慢跑團舉辦第一次慢跑，或是幫鐵粉同好創立新網站，你要號召大家參與的第一個活動，取決於社群成立的目的。

為了促進社群成員合作，社群首次舉辦的活動應考量以下三個原則：

1. 讓活動「有意義」

將活動導回社群成立的宗旨。有什麼目標或任務是只有這一群人才能完成？將目的清楚地呈現給參加者，讓他們把社群的使命內化成自己的。

2. 讓活動「好參與」

不要只是對人說話。你聚集了一群和自己一樣充滿熱情的人，也要給他們機會在群體共同的目標上貢獻心力。

3. 讓活動「可重複」

你最大的敵人就是一次性的活動。關係是需要時間經營的，有些人需要多幾次參與才會開始熱絡起來，進而主動做出貢獻。設計第一場活動時，應考量它能否重複進行。

大聲說出社群的成立宗旨

2004 年，熱愛雲朵的設計師兼作家蓋文‧普瑞特—平尼（Gavin Pretor-Pinney），因為受到朋友鼓勵，在英國康瓦爾郡（Cornwall）的文學節分享了自己對雲的迷戀。為了吸引聽眾，蓋

文擬了一個誘人的講題：「賞雲協會開幕演說」
（The Inaugural Lecture of Cloud Appreciation Society）。為什麼要欣賞雲呢？蓋文表示：「我一直覺得雲是自然界裡最美麗，又最容易被忽略的存在。」[10]

講題果真奏效，蓋文的場次爆滿。他在分享自己對雲的熱情之後，邀請觀眾索取協會的官方徽章。出乎意料的是，蓋文被聽眾團團包圍。許多人想瞭解更多賞雲協會的資訊，但蓋文卻告訴他們這個協會「尚未」正式成立。

蓋文一回家就架設簡單的網站，鼓勵雲朵愛好者一起分享對雲的喜愛；他也建立了網路相簿，讓人們上傳自己拍攝的照片。蓋文也確保協會的成立宗旨被放在網站最顯眼的位置，協會宣言寫

---

10. 蓋文・普瑞特－平尼（Gavin Pretor-Pinney）於 Get Together Podcast 節目第二集表示。

道：「我們相信，雲並沒有受到公正的對待。世上若是沒有雲，我們的生活將悲慘得無以復加。」[11] 蓋文解釋：「欣賞自然界裡鮮少被欣賞的部分，就是協會存在的理由。」

訪客只要填寫網路表單、支付小額會費，就能收到一份新會員歡迎禮（還附贈協會徽章）及個人官方會員號碼。網站上架幾個月後，付費會員數竟增加到 2 千人以上。協會相關資訊也因為成員的熱情、有趣的周邊商品以及媒體報導而傳開。直到 2016 年，會員人數已增加為 4 萬人。[12]

藉由第一次活動，你可以對外宣示自己的社群凝聚在一起的理由。蓋文在成立之初就清楚傳達賞雲協會的宗旨，所有活動都與宗旨密切相關。

---

11. 「賞雲協會宣言」，賞雲協會，cloudappreciationsociety.org。
12. 〈差點震撼科學界的業餘賞雲協會〉（The Amateur Cloud Society That (Sort Of) Rattled the Scientific Community），瓊恩・穆阿蘭（Jon Mooallem）撰寫，《紐約時報雜誌》（The New York Times Magazine）。

蓋文表示：「人們總以身為正式會員為傲，這似乎代表他們看世界的方式與他人略有不同。加入協會反映了他對大自然觀察敏銳、富有想像力，因為他看見了自然界神奇魔幻的一面。」
Photo courtesy of Gavin Pretor-Pinney

蓋文因為協會的宗旨清楚易懂，增加了潛在會員找到協會網站的機會，也讓他們更好判斷自己的入會意願。

讓我們跟著蓋文的腳步，勇敢傳達社群的成立宗旨，並設計與宗旨相關的首發活動。

鼓勵大家一開始就參一咖

瑞安·菲茨吉本（Ryan Fitzgibbon）在成長過程中總是讀不到與「同志現實生活」——分手、第一次約會、出櫃——相關的故事，由於無法在現有媒體中找到足以代表自己心聲的作品，於是瑞安決定自己改變現況。

他在 2012 年發布了一本「與男人約會」的男性雜誌：《Hello Mr.》。[13] 他期待透過新的故事和美學，重塑同志族群的形象：「我非常堅持第

一期雜誌不出現任何彩虹。」

瑞安在雜誌名稱、使命宣言及視覺設計完成之後，開始與朋友分享他的想法。他表示：「我馬上就感受到大家的確擁有這方面的需求，他們能立刻理解我想表達的意思，無須多作解釋。顯然我需要加緊腳步出版這樣的刊物。」

當然，在這個草創階段，瑞安可以使出全力，獨自出版雜誌就好，然而，與其「為潛在讀者出版雜誌」，他決定「與潛在讀者聯手」，一起實現《Hello Mr.》的夢想。

瑞安先與投稿者完成 30% 的內容，再透過募資平台 Kickstarter 完成剩餘的部分。早期筆者大多是同性戀，他們也是最主要的推廣者。瑞安告

---

13 〈瑞安‧菲茨吉本如何與社群攜手打造《Hello Mr.》〉（How Ryan Fitzgibbon build *Hello Mr.* hand-in-hand with its community），貝莉‧理查森撰寫，刊載於 People & Company。

瑞安說：「《Hello Mr.》在我們家附近的巴諾書店（Barnes and Nobles）上架後，我媽馬上就去買了，她還照了一張《Hello Mr.》擺在雜誌區第一排的照片傳給我。其他雜誌封面都是身材被雕塑得很完美、裸著上半身的男模，《Hello Mr.》則是靦腆又自信、極簡又隨和地與那些雜誌擺在一起，這畫面使我不禁流下了眼淚。」

上圖：Photo courtesy of Ryan Fitzgibbon
下圖：Photo courtesy of Kai Elmer Sotto

訴我們：「這些筆者是《Hello Mr.》成功的最大因素，也是我們推廣 Kickstarter 上的募資計畫時的重要代言人。」

《Hello Mr.》在 Kickstarter 平台上的募資目標明確。他們在平台公開邀稿，短短幾天便引起許多人的興趣，在募資計畫結束前便已收到總共超過 10 萬字的稿件。瑞安表示：「他們終於找到一個屬於自己的平台，大家蜂擁而來，像潮水般填滿了這個巨大的缺漏。」在投稿者的協助下，《Hello Mr.》短短幾個月就成功問世了。

不要把社群成員當作觀眾，應該把他們視為合作夥伴。即使只是最初的活動，也要想辦法讓他們參與。人們會因為期待自己實現社群的共同目的而出席，而不是坐等你幫他們實現。

諾布表示：「我們在多倫多馬西音樂廳（Massey Hall），這是加拿大史上最重要的展演中心，2千人高唱著〈When Doves Cry〉向王子樂團（Prince）致敬。那晚我們一如往常，當作在平常舉辦活動的小型潛水酒吧演出，雖然人數眾多，但人與人之間沒有距離感。我在多倫多長大，馬西音樂廳正是我從小夢寐以求的舞台，我站在台上時心想，如果這不是成功，那什麼才是？」

Photos by Kai Elmer Sotto

讓活動一遍又一遍地重演

如果期待社群長久營運，而不想只是舉辦曇花一現的活動，就必須設計能讓成員一再進行的核心活動。

2008 年，諾布·艾德曼（Nobu Adilman）、大衛·高德曼（Daveed Goldman）及亞曼達·伯特（Amanda Burt）在朋友的驚喜生日派對上，組了 13 人合唱團。雖然人數不多，他們卻一致認為這個團體有其獨特之處。兩年後，諾布與大衛回想當晚，在他們的 Facebook 上徵人與他們共組合唱團，地點在多倫多某間朋友的房地產仲介辦公室。諾布說：「我們當初想說大概只有幾位朋友會出席吧，最後可能只會喝杯啤酒，草草結束。」[14]

---

14. 諾布·艾德曼於 Get Together Podcast 節目第九集表示。

他和大衛為那晚簡單編排披頭四樂團的〈Nowhere Man〉及蘇格蘭搖滾樂團百樂飛行員（Pilot）的〈Just a Smile〉。

諾布回想：「那個夜晚實在太不可思議，連我們不認識的人都到場，雖然我們做得很少，但那晚結束時，大家都非常感興趣，要求隔天再辦一次。」於是 Choir! Choir! Choir! 就此誕生。

諾布與大衛因為參與者反應熱烈而備受鼓舞，諾布表示：「我們在接下來一年的每週二晚上都舉辦這樣的活動。」到了 2012 年，他們每週聚集上百人，一起演唱著名流行歌曲。

如今，諾布與大衛仍持續舉辦當初的活動，如果想加入 Choir! Choir! Choir!，你只需要到場，付五美元的歌詞印刷費（巡迴演出時可能更多），跟大家一起彩排歌曲三部合音，最後在一群陌生人面前演出。許多演出也在網路爆紅，像是向王

子樂團或大衛・鮑伊（David Bowie）致敬的演出，或由大衛・伯恩（David Byrne）、洛福斯・溫萊特（Rufus Wainwright）及帕蒂・史密斯（Patti Smith）等知名歌手帶頭領唱的演出。[15]

每個蓬勃發展的社群都會規劃可以不斷重複進行的核心活動。如果建立社群的目的在於聚集人們，那麼設計可以促使人們持續聚會的活動便至關重要。具有重複性的活動能加深成員彼此的關係，也能為社群帶來前進的動能。

當你開始號召人群參與首發活動時，別忘了社群最初成立的目的為何，鼓勵成員們一起參與，並準備好不久之後再舉辦一次！

---

15. 〈與 Choir! Choir! Choir! 一起為流行歌曲注入新生命〉（Breathing New Life Into Pop Songs with Choir! Choir! Choir!），由約翰・歐維德（John Ortved）撰寫，《紐約客》（The New Yorker）。

有些共同活動就是比較好

　　如果第一次的活動不如預期，沒有點燃成員們的熱情，沒關係，我們懂，我們也經歷過。（有一次我們為超級用戶準備了特別活動，結果只來了兩個人！）

　　請記得，偉大的事蹟往往是從小地方開始。許多遍布各地的蓬勃社群，一開始的成員都屈指可數：琴・尼德契創辦的 WW 工作坊，第一場聚會只來了六個人；赫克特的慢跑團一開始只有他和妹妹的友人；衝浪者基金會最初只有三位衝浪好友。如果你想獲得前進的動能，就必須一週又一週地堅持下去。

　　請認真看待成員給予的回饋，客觀地認識他們的興趣。如果沒人想一起重複某個活動，那就該注意了。如果參與者都只出現過一次，那可稱

不上是一個社群。(若想瞭解更多,請看「第六步：忠實鐵粉是衡量社群狀態最好的指標」)

　　如果初期成員沒有想深入參與的渴望,你就必須問問自己,真的瞭解社群組成的成員是「誰」嗎?「為什麼」他們想聚在一起?這項活動有因為必須一起體驗,而變得更有趣、更有意義嗎?

　　如果期待人們持續主動參與,那麼如何讓活動超越參與者的期待,會是無可迴避的挑戰。這不代表要花大錢舉辦光鮮亮麗的活動。你應該盡可能去設計有價值又能與人一起體驗的活動,這才是最重要的。

　　雖然世界各地都有合唱團,但諾布與大衛為 Choir! Choir! Choir! 所做的準備,以及教學過程所展現的獨有能量,使每位成員(就算是像我們一樣的初學者)都能貢獻自己的聲音,成就動人的演出。

一起玩活動吧

社群圍繞著共同進行的活動而組成，當你準備設計第一項活動時，問問自己：

1. 有什麼事情是你的成員無法獨自完成的？或者說，有什麼事情一起完成，會獲得更好的體驗？

一起進行的活動愈吸引人，社群的熱情就愈容易被點燃。

2. 活動有意義嗎？

清楚傳達社群成立的宗旨，並將活動與之連結，就如蓋文·普瑞特—平尼成立賞雲協會時所辦的活動。

3. 活動容易參與嗎？

鼓勵人們從一開始就參與，就如瑞安·菲茨吉本與投稿者一起募資出版《Hello Mr.》。

4. 活動能重複進行嗎？

社群需要時間磨合。設計第一次的活動時，必須考量如何能讓活動一遍又一遍地重複，好比諾布・艾德曼和大衛・高德曼 Choir! Choir! Choir! 的模式。

Get people talking

讓大家開口，交談更要交心

人們參與社群的原因千百種，可能是想唱歌、減重或讀一些與自己產生共鳴的故事。不論他們第一次參加的原因為何，過程中所建立的關係才是他們回來的關鍵。

不論是參加 WW 工作坊、團隊運動或教會活動，實在的人際關係帶有凝聚力，使人們不斷朝著共同目標前進。就如 Meetup 共同創辦人史考特・海夫曼（Scott Heiferman）曾在一場工作坊中所說：「人們第一次出席是為了活動，但他們再次造訪，則是因為人際關係。」

原本只是具有共同興趣的鬆散人群，在持續的開放對話下也能轉變為充滿活力的社群。當我們認真鼓勵人們彼此交流，成員便會開始分享故事、支持彼此，並追求共同的目標。而成員之間的一對一關係愈豐富緊密，社群就愈蓬勃茁壯。

如果想看見成員們用各種方式分享、合作，就得創造出他們能隨興自由交流的空間。

煮飯不是一個人的事，也需要交流

由羅伯特・王（Robert Wang）所推出的快煲（Instant Pot）多功能電子壓力鍋，竟然好用到激出全球粉絲的熱情，甚至製造了一群「鍋粉」（Potheads）。

羅伯特對粉絲的狂熱並不意外：「煮飯不是一個人的事情，它具有社交性質，你會為親朋好友煮飯，甚至會為派對煮一道菜。」[16] 也因為煮飯具有社交性質，羅伯特知道快煲壓力鍋會靠著忠實顧客口耳相傳而建立口碑。他果真沒有料錯。

---

16. 羅伯特・王於 Get Together Podcast 第 15 集表示。

鍋粉與朋友的交流逐漸散布到網路上，官方 Facebook 社團成了他們最主要的集散處。羅伯特與團隊於 2015 年成立社團，並將其定位為一個全世界顧客進行交流、互助的空間。有人遇到產品相關問題時能在社團求助，不僅減輕了客服部門的負擔，也給了鐵粉一個互相聯繫的天地。如今，該社團成員已超過 180 萬人，橫跨不同年齡、語言及背景，大家在裡頭分享食譜及對鍋子的狂熱。[17] 有些鍋粉甚至會為鍋子取名、編織毛衣。

　　對於採取 Facebook 社團，而非粉絲專頁或透過電子郵件行銷，羅伯特說明原因：「我們的目標是讓老顧客、新顧客和還在旁觀的潛在顧客互相交流，因此透過電子報行銷或粉絲專頁是行不通的，因為人們無法對談。」

---

17. 「快煲社群」（Instant Pot Community），Facebook 社團，facebook.com。

快煲壓力鍋的創辦人羅伯特向 Inc. 雜誌解釋：「我沒有什麼
祕方，就是把產品做好、善待顧客，並讓他們聊天，大概就
這樣吧。」[18]

Photo courtesy of Instant Pot

---

18. 〈亞馬遜最暢銷產品背後成功的祕訣〉（Here's the Smart Secret behind the Most Successful Product on Amazon），由比爾‧墨菲（Bill Murphy Jr.）撰寫，《Inc.》雜誌。

對羅伯特而言，這項策略看似顯而易見，但對許多社群創辦人來說，促進充滿熱情的成員相互交流並不是直觀的下一步。如果你期待社群蓬勃發展，成員會需要有一個空間，可以不用透過創辦人或領袖當中間人就直接進行交流。

如今，儘管廣告少，快煲仍因為促進粉絲交流而持續穩定成長。透過這些交流媒介，成員們不斷支持彼此、激發出新靈感，並讓公司員工對使用者產生新的瞭解。

讓成員敢講、好講、喜歡講

類似快煲 Facebook 社團上天天出現的貼文與對話並不是自己冒出來的，而是經過引導與激發。領袖應該為成員自由對話的空間和架構奠定基礎。

為了促進成員之間的交流，可以從下列面向著手：

1. 空　　間

成員可以在哪裡找到彼此，並開始私下閒聊？

現在有很多網路交流的工具，包含對話平台、電子郵件、論壇、Facebook 社團，你必須考量哪些工具是成員最常使用的，以及是否適合讓成員擴散你想要分享的文字、圖片、音樂、連結等。你也可以考慮使用專屬平台，避免部分社群媒體的資訊量過多，造成干擾。

2. 引　　導

如何賦予成員們交流的理由？

跟陌生人交談或許會令人膽戰心驚，你不妨自己先加入討論，塑造積極參與的環境，藉此引

導成員參與。別忘了定期在平台上開啟話題，並為新成員提供指引。

3. 架　構

什麼樣的架構能激發出更有意義的對話？

細心制定版規或主導社群話題，能使對話更聚焦、更真誠。好的架構和經營模式也能在成員爆發衝突時，促進良性辯論及溝通。

扮演積極角色，激發成員討論

2014 年，奈及利亞記者洛拉・奧莫洛拉（Lola Omolola）在芝加哥自己的住家得知，恐怖組織博科聖地（Boko Haram）綁架了上百名奈及利亞女學生。她深感震驚，決定展開行動。她回憶：「我一開始只想營造一個空間，專門給像我一樣關心

這件事的女性，讓我們互相支持、共享資源。」[19]

　　因此洛拉創立了 Facebook 社團「奈及利亞女性」（Female in Nigeria，簡稱 FIN），與來自奈及利亞的女性一起探究彼此日常生活中的成就及挑戰。她先邀請自己的朋友加入，而她們也邀請了自己的朋友。大部分人都住在奈及利亞，也有部分散居國外。而她是如何開啟話題的呢？

　　洛拉知道有些議題是多數奈及利亞女性不會公開碰觸的話題，於是她上網搜尋少數奈及利亞女性公開談論這些議題的片段。她擷取他們放在 Twitter、Facebook 及部落格的軼聞趣事，寫成貼文貼在 FIN 的社團，等待成員回應。例如，其中一則故事說道，一名寡婦由於與房東見面時沒有男性在場，因此無法租借公寓；又如，有一名婦

---

19. 洛拉・奧莫洛拉於 Get Together Podcast 第三集表示。

曾是記者的洛拉創立了「奈及利亞女性」Facebook 社團，在這個空間，女性可以分享不為人知的故事，不用感到丟臉或恐懼。她表示：「透過 FIN，我找到一群跟我在意同樣事情的人；這些事情對我的人生一直都很重要。但是在此之前，我只能自己關心。突然間，我得到認可，大家想討論自己成長過程中一提起就被捏臉頰而無法談論的話題。」

Photo by Kai Elmer Sotto

女被理髮廳老闆要求，必須提供先生的同意書，才能剪她想要的髮型。

當洛拉分享這些故事時，她說：「許多人因為自己的親身經歷而產生共鳴。」成員紛紛在留言區分享自己的故事，她表示：「他們的分享非常赤裸，甚至比我原本的貼文更有力量。」而洛拉也進一步將留言區的故事轉貼，成為下一次的主題。

洛拉從成立的第一天起便以身作則，讓成員看見 FIN 社團裡的討論該如何進行。她主動查詢適合當題材的主題，也鼓勵新成員發表看法。如果你想營造一個成員們能自由互動的空間，那麼自己必須先主動開始討論，而不是當個旁觀者，等待別人開啟話題。不妨仔細想想社群成立的宗旨，並提供值得成員討論、有助於實現宗旨的主題。

如今，FIN 社團（現為「女性前進」〔Female IN〕的簡稱，用來反映更廣大的女性族群）已擁

有 170 萬名成員，每天發出上百則貼文，由十位
管理員負責經營。[20] 洛拉期待 FIN 的下一步能舉
辦社交及培力活動，並提供能讓女性安全分享自
身經歷的實體空間。

建立架構，使對話更有意義

雖然我們無法單靠架構激起熱烈的討論，但
它卻能幫忙維繫有意義的對話持續下去。

柏格頭（Bogleheads）是一個由投資愛
好者所組成的社群，他們提倡領航投資集團
（Vanguard Group）創辦人約翰·柏格（John C.
Bogle）低成本、簡約財務的理念，並時常出沒
於 bogleheads.org，一個由已 90 多歲的泰勒·賴

---

20. 「女性前進」，Facebook 社團頁，facebook.com。

瑞摩爾（Taylor Larimore）在 20 年前架設的網路論壇。[21]

　　這些年來，上千名柏格頭在論壇上提供豐富的資訊。然而，促使新成員不斷湧入的理由不只是論壇上的內容，更是論壇上不吝嗇分享經驗的文化。就算你是新手，只要認真詢問財務問題（例如：我正在存錢，日後要用來付房屋頭期款，這筆錢現在應該如何投資？），就能從資深柏格頭那邊得到合乎個人需求的即時回應。

　　我們詢問這些柏格頭，如何使對話有益又富有教育意義，其中一名論壇使用者整理了三個重點：

1. 嚴格規定不能在這裡談論的主題，尤其是政治。

---

21. 柏格頭們（The Bogleheads ®），柏格頭維基百科（Bogleheads Wiki），bogleheads.org。

2. 有管理員負責執行版規。

3. 參與者樂於助人。

　　柏格頭論壇版規為保護使用者，規定他們能討論什麼樣的主題以及該如何討論。當然，不是每個人都會先讀版規。因此，柏格頭們會指派自願者當管理員，確保使用者遵守規矩。（若想瞭解如何檢視及培育領袖，請參見「第七步：提拔更多領袖，不再大事小事自己扛」）。泰勒向我們說明，柏格頭管理員會嚴格禁止「商業貼文、口出惡言，以及涉及宗教或政治的談話內容」，這類言論會引發衝突，也偏離網站最初架設的目的，也就是討論及提供投資相關的建議。

　　因為有指派管理員和訂定基本行為守則，成員就能在安全的範圍內發生衝突，而衝突是任何社群都不可或缺的一部分。社群成員之間意見不

柏格頭論壇成員 TSR 跟我們分享：「真的很開心，終於能到一個不用把每件事情都歸因於政治的地方。雖然這可能感覺有點刻意（畢竟財務與政治往往密不可分），但這種規定對於提供建議和獲得建議的人來說都是非常棒的。」

泰勒‧賴瑞摩爾（圖中）為論壇創辦人，被封為「柏格頭之王」（king of the Bogleheads）。照片攝於 2013 年，他與約翰‧柏格（John Bogle，圖左）在費城舉辦的第十二屆柏格頭聚會（Bogleheads 12 Conference）上享受歡樂時光。

Photo by Greg Jones

合，往往能帶來創新的想法。若一遇衝突就加以壓制，將會扼殺創意，並限制成員合作及面對挑戰的潛力。因此，若缺乏處理衝突的明確架構，當衝突無可避免地發生時，可能導致缺乏尊重的言論出現，甚至可能更糟：塑造出某種文化，造成願意發表意見的人中箭落馬。

制定社群架構的最終目的，是為了使談話內容更聚焦在「你的社群」想一起探索的獨創想法（包含談論難以啟齒的話題）。為了找到適合的模式，可以先與初期成員討論和制定基本規則，來規範社群該如何面對和處理對話時所產生的衝突。或許就像柏格頭一樣，你的社群也可以專注於某項興趣或嗜好，因此釐清可以或不可以討論的話題，將有助於社群發展。另外，你也應為煽動性及傷人的言論制定明確的規範。

◆ 擬定社群的行為守則

1. 我們的目的是什麼?

在公告規則之前,先提醒成員們社群存在的目的。

2. 哪些行為可以做?

成員們應如何互動?請嘗試描述在社群對話時的基本精神和互動禮節。(柏格頭:「對事不對人。」)[22]

3. 哪些行為不被允許?

列出不被允許的行為(例如:禁止人身攻擊或口出惡言)可以讓成員加入時充分信賴團體,也有足夠的安全感舉發違規者。

4. 若有違規,成員如何舉報?

提供成員舉報不良行為的私人管道(像是電子郵件),也說明誰會收到通知。

5. 如何調查違規及執行規則?

告知成員你會如何調查和蒐集違規行為的相關資料,並告知後果(例如:私下警告、帳號幾天內將被封鎖等)。[23]

柏格頭論壇成立至今 20 年，裡頭的討論仍然深具意義，原因正在於論壇並沒有被用來討論天底下所有投資相關的主題。成員透過持續討論與辯論，至今仍在實踐約翰・柏格成立領航集團的初衷：給予每位投資者平等參與的機會。

22.　〈版規〉（Board Rules），柏格頭論壇（Bogleheads Forum），bogleheads.org。
23.　參考自〈建立一套行為準則〉（Your Code of Conduct），Github 的開源軟體指南（Github's Open Source Guides），opensource.guide/code-of-conduct。

促進對話與交流

良好的人際關係能增添社群的凝聚力。請營造空間讓成員自由交流和對話,讓他們能建立更緊密的個人關係。

1. 你的成員會在什麼樣的「空間」繼續對話呢?

他們往往在什麼地方或平台花最多時間?什麼平台最適合支持成員想要分享的媒介?找一個適合聚集的空間,好比快煲的 Facebook 社團。

2. 你會如何「引導」新加入的成員表達想法?

透過不同的話題幫助新成員表達想法,並向他們介紹社群,好比洛拉透過真人故事來促進 FIN 成員的對話。

3. 什麼樣的「架構」能使對話更聚焦？

像柏格頭們一樣設置基本版規、守則和管理員，促進成員間真誠且激發思考的對話。

點燃火焰：聽聽完整的故事

你正在建立自己的社群嗎？歡迎至 gettogetherbook.com/spark，聆聽各類社群創辦人分享他們聚集人們與打造社群的歷程。

聆聽赫克特分享上城慢跑團最初的慢跑經驗，也可聽聽洛拉分享自己如何幫助 FIN 的初期成員開始交流和對話。

II

Stoke the fire

增添柴火

站穩腳步：和夥伴凝聚在一起

當你聚集人群並促進他們交流，就點燃社群了。請務必堅持下去！使社群茁壯成熟的關鍵，就是持續全力以赴。我們往往花很多時間舉辦一次性活動或年度募款活動，卻忘了給潛在成員持續出席的機會，或賦予他們開始承擔責任的任務。

當社群不斷膨脹，人數超越初期基本成員，接下來的挑戰就是確保人們繼續凝聚在一起。持續吸引真誠參與的成員、激發彼此的認同感並掌握社群脈動，就是在增添柴火，使火苗燃燒成熊熊烈火。

Attract
new folks

讓更多人呼朋引伴加入社群

新興領袖往往會忘記一項重要指標：充滿活力的社群自然會吸引新成員加入。他們容易把不相識的人丟到一份清單上，然後稱之為社群。

　　若新成員並不是真的對社群的共同目標充滿熱情，你就很難留住他們。熱情是無法偽裝或強逼出來的，你無法使用「行銷漏斗」（marketing funnel）強迫潛在成員去做你想要他們做的事。

　　與其推人進來，不如拉人進來；與其向不熟識的大眾發布大量宣傳訊息，不如與現有成員合作，一起真誠又明確地分享社群成立的目的。

如何寫出動人的社群創始故事？

　　吸引新成員的首要步驟，就是撰寫社群的創始故事。創始故事能幫助現有及未來的成員，知道如何介紹社群及成立宗旨。

不論是與人交談或在網站上分享創始故事，重要的是別讓故事只是關於你自己。哈佛資深講師馬歇爾・甘茲（Marshall Ganz）在 1965 到 1981 年之間曾與西薩・夏維茲（Cesar Chavez）一起經營聯合農場工人工會（United Farm Workers），並於 2008 年設計歐巴馬總統競選團隊的草根組織模型。甘茲的課程名為「組織：人民、力量、改變」（Organizing: People, Power, Change），他在課程裡教授稱作「公共敘事」（public narrative）的說故事架構，幫助學生講述能激發人們參與社會公益行動的故事。

　　甘茲的課程講義寫道：「『自己的故事』重點在於什麼樣的價值觀能吸引自己採取行動；『共同的故事』則關於你期待激發行動的群體，看中什麼樣的價值；『現在的故事』則傳達急迫性，什麼樣的價值需要人們即刻採取行動。」[24]

甘茲相信公共敘事必須傳達三個概念，撰寫創始故事時，可參考他提倡的架構：

1. 關於「自己」的故事

讓故事貼近個人。描述讓你開始聚集人們的關鍵時刻。是什麼讓你開始關心這些事情？請透過生動的細節讓故事活靈活現。

2. 關於「我們」的故事

讓人們看見這件事不只關於你自己。當這群人聚在一起時可以達成什麼成就？這就是社群成立的目的。

---

24. 馬歇爾‧甘茲撰寫的〈組織課程筆記，2016 春季班〉，「組織：人民、力量、改變」。

3. 關於「現在」的故事

聽眾可以採取哪些微小而立即的行動（例如：
參加聚會、加入電子報、簽名連署）？為什麼
需要即刻行動呢？這種迫切感會讓人們想要立
即採取行動。

分享你社群的創始故事

寫好滿意的故事後，下一步就是讓任何有興
趣想瞭解宗旨的人都能看到。

當你與陌生人、新朋友或潛在社群成員對談
時就可以分享故事。如果有實體聚會，千萬別
害羞，把麥克風搶過來，直接講吧！在多倫多
Choir! Choir! Choir! 演出開始前，諾布向參與者
分享自己和大衛籌辦合唱活動的由來。諾布分享
第一次活動的經歷、他們如何走到今天，以及自

己為什麼深信現今的社會需要如此正向、大方的聚會。

　　雖然簡短，但諾布引人入勝的故事裡包含了「自己」、「我們」及「現在」。如果沒有他的分享，我們或許無法真正理解那晚活動的重要性。因為他分享了創始故事，我們深受啟發，也更期待邀請親朋好友參加下一場 Choir! Choir! Choir! 的活動。

　　大多時候，你也應該在網路上發表社群的創始故事。你不妨先研究現有成員是如何發現這個社群的，詢問他們：「你是怎麼知道我們的？」數位資料分析也能幫助你找到適合公開故事的平台。

　　你也可以想想用什麼媒介傳達故事最能引起共鳴。如果大部分的人是透過搜尋引擎找到你的網站，那麼你可以撰寫部落格文章或在「關於我們」的頁面附上創始故事；你也可以將創始故事

拍成影片，再上傳至社群媒體。把創始故事公開在網路上，能幫助有興趣的人清楚、迅速、簡便地掌握社群的宗旨。

不論創始故事是否放上網路，你都得讓它公開曝光在容易被看見的地方。當你持續用公共敘事的架構傳達「自己」、「我們」及「現在」的故事，人們將更瞭解如何對外分享，讓更多人明白參與你社群的價值。

讓大家一起邀請新夥伴加入

當確定了創始故事之後，推廣社群的祕訣是：吸引新血不只是你的任務。任何傳統行銷高手都認為「口耳相傳」是最有力的行銷，只要社群成員一起推廣，他們能觸及的人數將遠遠超過你一人所能觸及的。

我們無法期待人們自動自發邀請新朋友，因此我們必須明確告知成員，他們的自發參與能提升社群活力，讓社群更成功。不論你舉辦的是線上或實體聚會，都要擠出時間讓現有成員明白，愈多人參加，活動就愈活潑、愈有影響力。當成員們認同這件事情之後，就會對此更有責任感。

在成員認知到自己肩負吸引及邀請新朋友的任務和身分之後，下一步就是讓分享變成一件簡單、甚至令人興奮的事情。你可以提供酷炫的照片、影片或文案，讓成員興奮地分享自己所屬的社群。

身為藝術家及創意總監的艾瑞爾·麥克馬納斯（Aria McManus）在 2013 年成立市區女子籃球社（Downtown Girls Basketball）。艾瑞爾告訴我們，這個社團從一開始就是專屬於女性、性別認同非男性以及「特別不擅長籃球」的人。[25] 第

一次練球時來了 30 位艾瑞爾的藝術家及設計師朋友，他們玩得非常盡興，甚至相約隔週再聚。

創團五年以來，這支球隊已擴展成超過 400 位女性的團體，相似的團體也陸續在洛杉磯、舊金山及倫敦組成。他們到底怎麼做到的？

每個星期，艾瑞爾堅持不懈地在中場休息時拍攝團體照，讓提早離開的團員也能入鏡。艾瑞爾說：「有些人會說：『我第一次來，我不用入鏡沒關係。』但這張照片就在表明『我們要讓世界看見，你就是這個團隊的一份子。』」練球結束前，她會分享照片給每一位想要的球員，幾乎每個人都會舉手要照片，並在收到照片後的一小時內貼到 Instagram，並附上練球心得。

詢問任何一位新成員是如何得知這支球隊

---

25. 艾瑞爾‧麥克馬納斯於 Get Together Podcast 第 11 集表示。

市區女子籃球隊創辦人艾瑞爾解釋：「拍攝團體照的靈感，來自於傳統球隊教練及球員穿著球服排排站的團體照。」

Photo by Lauren Gesswein

時，他們的答案幾乎一致：透過 Instagram 上的團體照。艾瑞爾告訴我們：「一開始，成員們會上傳照片，標體寫『我是籃球社的一份子』。後來籃球社的消息就傳開了。」一週又一週，照片和故事開始累積，漸漸吸引其他喜歡藝術和籃球的

女性加入，讓市區女子籃球社成為一個活力源源不絕的團體。

　　因為有了共享的圖片和文案，市區女子籃球社的成員每次講故事時，無須從零開始，也不用向潛在新成員解釋該如何參與。

　　你無法強迫別人分享消息，因此不妨問問自己：我如何讓事情變得更簡單，好讓成員更容易自動自發地分享？

為你的社群蒐集適合分享的故事

　　成員們會分享什麼樣的故事，取決於社群一貫進行的活動是什麼。

　　你的任務就是思考如何自然又簡單地描述社群的獨特活動，不妨參考以下的切入點：

艾瑞爾表示：「第一天就來了好多人，令我十分驚訝。而且這份驚訝仍然持續不斷，因為直到第 300 天還是有這麼多人出席。每次有新朋友來，我都問對方：『你是從哪裡來的？』這很不可思議，也成了我繼續前進的動力。」

Photo by Kai Elmer Sotto

baileyelaine
· Ps 142 Amalia Castro

chrisconnolly Tough as hell 👃
psyoko BAMFs
lauragravley #sporty
underfang I ❤ Downtown Girls Bball
baileyelaine @underfang I ❤ u ray
baileyelaine @hassanmirza I know her as of today's Bball game!!
hassanmirza @baileyelaine yey! Tell her I say hi! And hi to you too BE
palamac You gotta add @atmccann to ur roster-she's a 🔥 💁🏽 👊 ☺
baileyelaine @palamac I already was asking her about it! @palamac you have to play if you're in town
ak_therealest nice
gettyshotz Hi, the post is beautiful! 👍
hairdewbev Jaaaaaaaammmmn On It!

♡ ◯ ↥   ⬜
170 likes

貝莉首次參與市區女子籃球隊的 Instagram 貼文

Photo courtesy of Bailey Richardson

1. 社群以「親身體驗」為核心

將有趣的獨家體驗包裝成容易分享的媒介，例如：Choir! Choir! Choir! 成員會分享合唱表演的 YouTube 影片。市區女子籃球隊在每次練球結束後分享合照到個人 Instagram。

2. 社群以「訓練及學習」為核心

鼓勵成員分享自己努力的歷程，例如：快煲社團成員在網路分享自行研發的食譜，供其他人試做。Rapha 自行車俱樂部（Rapha Cycling Club，在第五步將有更多介紹）成員將自己的騎乘資訊記錄在專門給自行車使用的 app「Strava」。

3. 社群以「提供和分享內容」為核心

讓成員製作的內容容易被看見和轉發，例如：

粉絲能透過擷取功能轉發 Twitch 影片中最喜歡的片段。人們能輕易透過 Google 搜尋取得柏格頭論壇上豐富的理財資訊。

如果你在使用上述策略時感到彆扭，不用擔心，從成員身上找靈感吧！他們一定早就在分享社群相關的故事了。請看看他們分享了什麼，以及如何分享。接下來，請研究自己能提供什麼樣的工具、資訊和資源來提升他們說故事的能力。

最後，雖然分享故事是吸引新朋友的有效方法，但千萬別因此對社群所擁護的價值做出妥協。例如，改變者聊天室（Changemaker Chats）由各領域的專業女性組成，他們分別在 16 個城市聚集（不久將擴展至更多城市！），邀請業界女性領袖分享自己如何建立及發展事業。[26] 共同創辦人布萊恩娜・弗里基諾（Briana Ferrigno）表示：「我們

不只想聽成功的故事，好的、壞的、醜陋的都想聽，因為我們想知道他們是如何培養出韌性。」[27]

改變者聊天室最重要的規定就是不做任何談話紀錄，包含影片、音檔與即時訊息轉播。保密原則使成員更願意敞開自己最真實的一面，也保護可能受到潛在威脅的參與者。

即便如此，改變者聊天室仍有分享故事的方式，他們將佳句做成會後電子報，卻不會為了追求社群成長而犧牲社群宗旨。

---

26. 「活動資訊」（All Events），改變者聊天室（Changemaker Chats），changemaker.com。
27. 「改變者聊天室創辦人潔西卡‧約翰斯頓（Jessica Johnston）及布萊恩娜‧弗里基諾表示不想只聽成功案例」（Changemaker Chats Founders Jessica Johnston and Briana Ferrigno 'Don't Just Want to Hear Success Stories'），MM.LaFleur 時裝品牌 The-M-Dash 雜誌，mmlafleur.com。

善用你的聚光燈

當你擁有修飾過後的創始故事、供成員們轉貼分享的內容資源之後，恭喜你，你已經奠定吸引新朋友所需的元素了！

在你說完社群故事，並與成員合作分享社群內容後，接下來就要將聚光燈打在社群裡最具感染力的人身上。對於仍在考慮是否加入的成員而言，當你增加這些傑出成員的曝光度，整個社群便活了過來。慶祝他們的表現，也會激發現有成員的參與度。

不同於撰寫創始故事，讚賞和鼓勵社群成員及其貢獻並沒有「完成」的一天，你需要定期且持續地進行。

若期待社群保持活力、持續蓬勃發展，就必須定期說故事，投資資源和時間，定期發掘並廣為流傳成員們的故事與經歷。

吸引新朋友

如果現有成員願意一起協助社群成長，就能使用更切實可行的方式吸引更多人，遠超過自己一人力所能及。

為了吸引新朋友，請務必清楚以下三個問題：

1. 你關於「自己」、「我們」及「現在」的故事，分別是什麼？

公開你的創始故事給現有及潛在的成員，讓他們明白社群成立的目的，也確保這個故事被公諸於世，讓感興趣的人隨時能瞭解。

2. 最適合社群轉發和分享的內容有哪些？

明確告知成員，你需要他們的協助來招募新成員，提供令他們興奮也期待分享給朋友的資源，像是市區女子籃球隊的每週合照。

3. 如何透過聚光燈使成員閃亮耀眼？

蒐集、分享傑出成員的故事將使社群成員充滿活力，也讓考慮加入的人看見他們。

Cultivate your identity

讓社群成為獨一無二的「我們」

隨著社群持續成長，成員為表達對社群的身分認同所做的大小事情，將更凝聚彼此的關係。

波特蘭荊棘女子足球隊（Portland Thorns FC）在美國的女子職業運動球隊裡是相當獨特的存在。美國國家女子足球聯賽（National Women's Soccer League）的每場比賽出席人數為 6 千人，然而，2018 年時，荊棘隊卻吸引了將近三倍的人數，每場出席人數多達 1 萬 6 千人。[28]

荊棘隊粉絲充滿活力的祕訣究竟是什麼？

2017 年波特蘭大學（University of Portland）的安德魯・蓋斯特（Andrew M. Guest）及安・路易坦（Anne Luijten）的研究報告似乎揭曉了答案。兩位作者參加一場荊棘隊賽事，給其中 217

---

28. 參與 9/9/2018：美國國家女子足球聯賽突破 6 千人（感謝，由減而增））（Taking Attendance 9/9/2018: NWSL Cracks 6K (Thanks, Addition by Subtraction）），由肯・托馬希（Kenn Tomasch）撰寫，kenn.com。

位粉絲做問卷，並與另外 19 位深度訪談。根據調查內容，粉絲之所以蒞臨比賽現場，最多人提起的原因為「現場氣氛及支持者文化」。對粉絲而言，儘管荊棘隊已於聯賽兩度奪冠，但重要的不是贏球或荊棘隊的球員是誰，而是與其他粉絲共享支持球隊的經驗。[29]

　荊棘隊的粉絲文化是由人稱玫瑰城鉚釘工（Rose City Riveters）的一群熱血粉絲所打下基礎。[30] 許多早期的鉚釘工粉絲，來自與荊棘隊共用主場的波特蘭伐木者男子足球隊（Portland Timerbers）的粉絲團——伐木者軍團（Timbers Army）。當女子球隊即將成立的消息宣布後，粉絲們的熱情瞬間被引爆。最初是伐木者的球迷、

29 〈在成功的女性職業運動隊伍的脈絡下的粉絲文化與動力〉（Fan Culture and Motivation in the Context of Successful Women's Professional Team Sports），由安德魯・蓋斯特與安・路易坦撰寫，《社會上的體育》（Sport in Society）。
30. 〈女子運動的成功藍圖，有辦法複製嗎？〉（A Blueprint for Women's Sports Success. But Can It Be Copied?），由凱特林・穆雷（Caitlin Murray）撰寫，《紐約時報》（The New York Times）。

目前擔任鉚釘工指導委員會成員的喬‧湯姆森（Jo Thomson）告訴我們：「我想要到場參與女子職業運動，這不只是運動賽事而已。當我得知女子足球隊即將成立時，我比當初對伐木者隊還要興奮 20 倍。」

　　這些早期的領袖建構了荊棘隊非凡的粉絲文化，鉚釘工們自創口號、挑選隊長（專為體育場的某座位區帶領隊呼），並在賽場上發放隊呼詞。他們精心設計為球員加油的披巾及「巨幕橫幅」（tifo，粉絲在會場上高舉的巨大旗子、圖案或文字，往往由多人拼湊而成）。如今，荊棘隊粉絲絕對是賽場上不容忽視的一群，他們身著黑紅色衣服，總是在每場荊棘隊比賽時坐滿普羅維登斯公園球場（Providence Park）「北側」的位置，他們事先排練過的口號，離體育館好幾個街口的地方都能聽見。

這些行動勇敢表明了荊棘隊粉絲認真看待女子職業足球的態度。喬解釋：「許多人認定女子足球是『輕鬆簡化版的足球』，是比男子低一等的足球，連粉絲的支持度也會低一等。然而，我們在波特蘭絕不這樣做，我們認真看待它，就像看待心臟病發作時一樣嚴肅認真。」喬把旗幟、裝備、口號和煙霧效果視為對女球員及球隊「表達愛的壯闊行動」。

鉚釘工們充滿熱情，致力發想並設計出塑造粉絲身分認同的獨特方式，以此加深粉絲情誼，使人們不斷重回球場觀賽，也吸引新的支持者。

若成員將社群參與視為自己重要的一部分，他們會更想將自己對社群的自豪感散播到世界各地，而自豪感是極具感染力的。因此，我們應好好使用社群內的視覺、儀式及語言，塑造成員對共同身分的認同。

玫瑰城鉚釘工是波特蘭荊棘隊的鐵粉，他們的紅色裝扮在球場邊特別顯眼。

Photo by Corri Goates

鉚釘工於體育館「北側」喊口號、打鼓、揮旗、舉橫幅，並將紅色煙霧吹入空中。

Photo by Corri Goates

我有徽章，我驕傲

　　培養社群身分認同的方式之一，就是頒發徽章給積極參與的成員。徽章可以是任何足以表明成員隸屬於某社群的視覺性象徵，像是專業設計或 DIY 的客製化裝備或標誌。

　　Rapha 是一間位於倫敦的時尚、高檔自行車服裝公司。截至目前，全球已有超過 13,500 名的 Rapha 超級粉絲繳交年費，加入官方 Rapha 自行車俱樂部（Rapha Cycling Club，簡稱 RCC）。[31] 這些成員會一起騎車，也會在 Rapha 俱樂部基地（Clubhouses）享受免費咖啡。

　　會員也擁有酷炫的徽章和裝備，能讓他們與其他自行車騎士有所區隔、與眾不同。羅伯特·

---

31. 〈一條寬敞的路〉（An Open Road），由賽門·莫特蘭（Simon Mottram）撰寫，Rapha，Rapha.cc。

世界各地的 Rapha 自行車俱樂部成員，每週都穿上正式的 Rapha 自行車服，舉辦數百場的騎車活動。以上活動由 38 名來自台灣、新加坡、香港、馬來西亞及亞洲其他地區的騎士組成，騎經宜蘭縣。

Photos by Chelsom Tsai

亞歷山大（Robert Alexander）針對 RCC 的分析
談到 [32]：

對於格外在意騎車時的樣貌（不願穿著被某家法國
水電公司贊助、覆滿螢光黃商標的服飾），並將騎車視
為自己重要一部分的騎士來說，RCC 再適合不過了。」

Rapha 為每座城市量身打造專屬裝備，包括繡
上個人會員碼的帽子及豐富的會員迎賓禮。俱樂
部也十分看重細節，製作獨特又使人團結的徽章。
這些在地化徽章創建了 RCC 俱樂部「社群
中的社群」。一名洛杉磯 RCC 成員凱頓·萊特
（Kelton Wright）告訴我們：「加入 RCC 會員是
一回事，但是當我在世界另一端看見一名騎士別

32.　〈Rapha 自行車俱樂部到底是什麼？你該加入嗎？〉（The Rapha Cycling Club-
　　　What Is It and Should You Join?）〉，由羅伯特·亞歷山大撰寫，GranFondo.com。

每個 Rapha 俱樂部都有客製圖徽，認得出這個符號的會員們便可以從中開啟話題。
Illustration courtesy of Rapha

著我城市的徽章，我肯定會想找他聊聊。」

RCC 成員用穿戴徽章來表達團結。徽章讓成員對彼此感到認同並有所連結。隨著你的社群成長，或許能考慮製作在地化徽章，讓成員更容易辨識彼此，也更加親密。

讓成員發揮，自製新的徽章

社群徽章不需要像 RCC 的徽章一樣精緻。事實上，你為成員設計徽章有可能造成反效果，因為或許會壓縮了支持者表達意見的空間。

2016年，在美國民主黨初選中，候選人伯尼・桑德斯（Bernie Sanders）讓支持者一起塑造其競選主旨和視覺形象，燃起他們的熱情。

藝術總監及設計師琳賽・巴蘭特（Lindsay Ballant）在競選品牌案例研究中，分別描述桑德斯與希拉蕊・柯林頓（Hilary Clinton）支持者徽章的差異。[33] 琳賽引用插畫家及桑德斯支持者阿雷德・路易斯（Aled Lewis）於 Reddit 貼文的留言：

---

33. R/sandersforpresident comment by Aled Lewis, reddit.com. Via "Bernie, Hillary, and the Authenticity Gap: A Case Study in Campaign Branding" by Lindsay Ballant, Medium.

伯尼支持者舉的牌子、旗幟及穿著的上衣與希拉蕊競選團開箱即用的競選「商品」有明顯差異。「希拉蕊支持者」的穿著一致，像是穿著制服，拿著官方製作的牌子及浮誇的螢光棒，整場活動彷彿是產品發表會而非對候選人表達支持的競選活動。

社群領袖往往會以「守護品牌」之名，禁止成員像伯尼的支持者那樣自製徽章之類的非官方產品。但千萬別這麼做！你反倒應該花時間慶祝成員們揮灑創意、表達自我，並鼓勵他們自創徽章。當今的資源比以往多了不少，不論客製化實體或數位的徽章都變得更容易了。

成員真實表達並共享社群身分所有權，能讓社群之火更加炙熱。

這件衣服是不是很讚?我無意冒犯任何人,但像這樣的款式絕非伯尼競選團隊能設計出來的。

Photo by Luke Sharrett/Bloomberg via Getty Images

設計有代表性的儀式

不論是誦讀祈禱文或參與每日站立會議
（standup meeting），社群成員間所實踐的儀式
能加深彼此的連結。在史丹佛設計學院（Stanford
d.school）從事儀式相關研究、寫作及教學的科爾
薩‧奧森柯（Kursat Ozenc）曾寫道：「每當人們
進行前人做過，或與其他人同時進行的某項儀式，
便容易對他們產生連結感，使你跳脫自身框架，
把自己看作更大整體的一部分。」[34] 這類已經獲
得實行的儀式可以連結新成員與既有成員，而隨
著社群不斷成長與演變，儀式有助於凝聚社群。

---

34 〈引進儀式設計：意義、目的與行為改變〉（Introducing Ritual Design: Meaning,
Purpose, and Behavior Change），由科爾薩‧奧森柯撰寫，刊載於「儀式設計實
驗室」（Ritual Design Lab.）。

2017 年 的 克 里 夫 蘭 騎 士 隊（Cleveland Cavaliers）將我們最喜歡的儀式——握手——提升到新的境界。隊上 15 名球員發想出個人獨特的握手儀式。

做為這些儀式的發起者，前騎士隊後衛伊曼．尚波特（Iman Shumpert）向記者表示：「每一組握手儀式都有它背後的故事。」它們各自反映球員的球風、加油口號或「他們在家鄉的慣用手勢。」[35]

設計儀式的時候，記得把屬於團體的重要時刻放在心上，並思考以下問題：當我們聚在一起時，該如何讓成員感到相互連結及充滿活力？儀式能幫助每位成員在一天過後，反思這一天的成就嗎？

---

35. 〈騎士隊賽前握手的背後故事〉（The Story behind the Cavs' Elaborate Pregame Handshakes），克里夫蘭騎士隊 YouTube 頻道影片，youtube.com。

你並不需要縝密地設計每一項儀式,不妨先觀察成員早已反覆施行的,再將其定為社群的正式儀式。

創造「代表我們」的共同語言

人們因為共同身分而連結的另一種方式,就是創造社群專屬的語言。

有些社群擁有一套完整且詞彙豐富的語言(例如:《星艦迷航記》〔Star Trek〕的克林貢語〔Klingon〕),但你實在沒必要(也不值得)從頭發明一種新語言。

首先,你不妨嘗試為成員想一個統一的代稱,所謂區域居民稱謂詞(demonym)是用來形容來自特定地方居民的詞彙。例如,來自美國加州(California)的人自稱加州人(Californians),

而社群成員也有專屬於自己的稱謂詞。

剛踏入音樂界的妮姬·米娜（Nicki Minaj）為她的粉絲取名為「芭比」（Barbz 或 Barbies）。隨著演藝事業發展，芭比社群也一同增長。《紐約客》（The New Yorker）報導，米娜已成為她這個世代最受歡迎的饒舌歌手，而她從未停止和粉絲互動，文章指出，她會「標記、傳訊息給粉絲，和他們開玩笑，甚至詢問他們的願望和喜好。」[36]

因為有了「芭比」的稱呼，粉絲更容易在網路上──也就是他們最常出沒的地方──認出彼此。

當然，不是每位自行車騎士都想長得像 RCC 成員，也不是每位對《星艦迷航記》稍有興趣的人都想學克林貢語。但對某些成員而言，用專屬

---

36. 〈妮姬·米娜與粉絲的黑色協議〉（Nicki Minaj's Dark Bargain with Her Fans），由凱莉·貝敦（Carrie Battan）撰寫，紐約客》（The New Yorker）。

徽章、儀式及語言來彰顯他們的社群身分認同，
具有難以抗拒的魅力。當我們以此鼓勵成員邀請
新朋友時，更能凝聚這些已在塑造和分享社群文
化的人，並強化他們之間的連結。這些連結為社
群未來達成更宏大的事務奠定了合作的基礎。

建立社群的身分認同

當社群成員愈來愈有熱情，就會想要與世界分享自己獨特的社群身分，而這類展現身分的方式能強化成員間的連結。若想培養身分認同，請思考以下問題：

1. 我們提倡哪些「徽章」呢？

不同社群的成員使用什麼樣的徽章來展現對社群的身分認同，並不會一樣。儘管 RCC 的徽章是由公司為自行車騎士所精心設計，伯尼・桑德斯的多數支持者卻都穿戴非官方的自製裝備和服裝。

2. 我們提倡哪些「儀式」呢？

重複性的動作能塑造社群獨有的樣貌，像是克里夫蘭騎士隊的賽前握手儀式。設計儀式時，請務必把屬於社群的重要時刻放在心上。

3. 我們的社群使用什麼樣的共同「語言」？

人們也會透過言語來共享身分認同，妮姬‧米娜的粉絲就用「芭比」這個詞來稱呼自己，使成員更容易在網路上認出彼此。

第六步 /

Pay attention to who keeps showing up

關注鐵粉，掌握社群狀態

珍妮佛・桑普森（Jennifer Sampson）是達拉斯大都會區聯合勸募協會（United Way of Metropolitan Dallas）的執行長，她曾說過：「社群是個有機體，不是在進步就是在倒退，沒有穩定期。」[37]

　　隨著社群不斷成長，我們該如何判斷身為領袖所做的工作是否仍反映著成立宗旨？

　　與其依賴直覺，追蹤特定指標、蒐集資訊並積極發問，反而更能準確判斷成長中的社群是否仍具有凝聚力。最好的起點，就是先觀察哪些人是穩定出席者。

37.　〈建造強大社群必做的 7 件事〉（7 Things You Have to Do to Build a Powerful Community），由凱文・道姆（Kevin Daum）撰寫，《Inc.》雜誌。

最重要的指標：從不缺席的鐵粉

科技公司相當著迷於「使用者留存率」（user retention），這項指標衡量使用者在一段時間內，是否重複使用產品或網站，以及使用多頻繁。當你想讓某個科技產品持續成長，留存率將是最重要的指標。畢竟，唯有用戶願意持續使用，產品才能存活。一次性的用戶是無法支撐公司成長的。

同樣地，若新朋友首次參加社群活動，就能找到價值並願意再回來，社群就會持續成長。若你發現成員並沒有穩定參與社群或做出貢獻，只參加了一次活動或發出一則訊息，那就代表你社群的柴火正在流失，社群擴展所需的基礎尚未奠定。

請照著以下三步驟，追蹤、探索社群成員的留存率：

1. 蒐集成員參與程度的資料

優先追蹤成員對社群活動的參與程度。測量的指標愈能真實反映成員的參與程度愈好。例如，穩定參加活動者比報名活動卻不出席的人，有更高的參與程度；在平台上坦率分享自己的人，比登錄平台卻沒有任何行動的人更為投入。

2. 蒐集穩定出席者的資訊

認識穩定出席的成員，建立成員資料庫，記錄他們來自哪裡及聯絡資料等。你不妨從建立試算表開始。

3. 瞭解他們為什麼參與及想要更多些什麼

聆聽、聆聽、再聆聽。數據能顯示「量」，但只有透過對話才能理解「為什麼」，並發掘人們真正參與的動機。提供成員表達想法的管道，

可考慮透過以下方式進行交流：打電話、寄信詢問、訪談或問卷。

　　如以上所述，不要只滿足於蒐集參與程度的資料，畢竟，光是瞭解社群成員的留存率並不足夠，你必須瞭解「哪些人一直出席」以及「他們出席的原因」。設計研究員及數據專家亞莉安娜・麥克蘭（Arianna McClain）寫道：「人們往往因為看見死氣沉沉的數字而排斥數據資料。然而，我看到的是數字所代表的行為、需求及動機。」[38] 在數據及傾聽成員之間找到平衡，才能幫助你理解如何為不斷變化的社群帶來最佳利益。

---

38. 〈運用數據資料做設計：雞塊教會我的事〉（What Chicken Nuggets Taught Me About Using Data to Design），由亞莉安娜・麥克蘭撰寫，刊載於 IDEO Design x Data。

◆ 如何持續掌握社群的狀況？

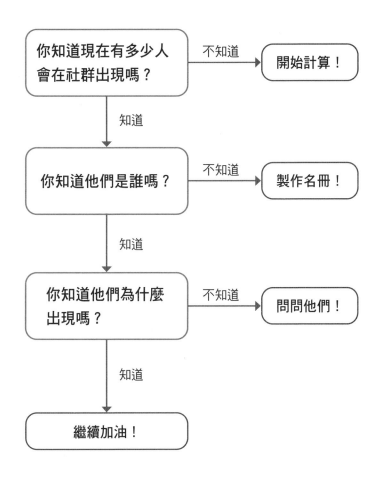

你知道現在有多少人會在社群出現嗎？ → 不知道 → 開始計算！

↓ 知道

你知道他們是誰嗎？ → 不知道 → 製作名冊！

↓ 知道

你知道他們為什麼出現嗎？ → 不知道 → 問問他們！

↓ 知道

繼續加油！

尋找積極份子

透過分析數據和聆聽成員，找到我們稱為「積極份子」的成員。

他們是對你的社群最為熱衷的一群人，也就是鐵粉中的鐵粉。每次有活動就一定出席，而且總是邀請新朋友。更重要的是，他們為了讓社群更上層樓，總是積極自發地貢獻時間與心力。

積極份子有潛力成為社群自己培養的領袖，成為你最有價值的夥伴。用心栽培積極份子能確保社群持續穩定成長，並保有活力。（若想瞭解如何讓積極份子承擔更重要的角色，請參考第七步：提拔更多領袖，不再大事小事自己扛）

在調查社群參與人數、認識成員及理解參與動機的過程中，請聚焦於最積極參與的成員。哪些人會舉手自願？哪些人期待承擔更多責任？

◆【範例】社群成員問卷

1. 請問你怎麼稱呼？來自哪裡？請用簡單幾句話介紹自己。

2. 你是如何得知這個社群的？

3. 為什麼你想參與這個社群？

4. 你參與社群裡的哪些活動？

5. 參與活動有什麼收穫呢？

6. 你最喜歡哪一項活動？為什麼？

7. 什麼地方最令你困擾？為什麼？

8. 你有興趣更投入這個社群嗎？你會想做什麼呢？

9. 如果你可以揮動魔杖，替像你這樣的成員召喚任何工具或資源，你會想要什麼？

10. 我們有漏掉什麼問題嗎？你還有其他想分享的嗎？

例如，如果你與一群志願者合作，嘗試詢問自己以下幾個問題：

1. 其中有超級投入的志願者嗎？

我們或許能透過出席率找出絕不會錯過任何服務機會的那群人。

2. 積極參與的定義是什麼？

他們一個月會自願出力兩次以上嗎？在哪些日子會自願？與誰一起出力？他們比較偏好什麼樣的活動和服務機會？

3. 他為什麼願意付出，他們的期待是什麼？

當你訪問最積極活躍的成員，就能理解激勵他們去自願出力的原因。例如，或許會有熱愛與孩子們互動的退休老師，你也許會發現他多麼

把握每次服務的機會，期待自己有一天也能出團領隊。

法國哲學家西蒙娜‧韋伊（Simone Weil）曾說過：「給予關注，是最珍貴也最純粹的善意。」[39]請關注、辨識、聆聽充滿熱情的核心成員，他們極可能在尋找更多參與的機會。當你交棒給積極份子，就能分配和交付領導責任，使整個社群一起成長。

走錯路時，該怎麼辦？

我們可以透過豐富的數據和資訊辨識出未來的

---

39. 《最初與最後的筆記本》（*First and Last Notebooks*），由西蒙娜‧韋伊撰寫。取自〈西蒙娜‧韋伊談注意力與優雅〉（Simone Weil on Attention and Grace），由瑪利亞‧帕波娃（Maria Popova）撰寫，*Brain Picking*，brainpicking.org。

領袖，並做出受到社群歡迎的決定。然而，一旦社群面臨挑戰，聆聽的能力便顯得更為重要。我們有時可能會做出成員普遍無法接受的決定或改變，而細心觀察社群的狀態可以幫助我們察覺成員正面和負面的情緒，盡早發現錯誤，並妥善回應。

2006 年，YouTube 還只是在加州聖馬刁市（San Mateo, California）某間披薩店樓上的一個狹小辦公室，蜜雅‧夸利亞雷洛（Mia Quagliarello）成了其首位社群經理，是公司初期與使用者之間的溝通橋樑。

事後證明，溝通橋樑的角色至關重要。令 YouTube 員工震驚的是，當 YouTube 團隊決定重新設計並推出「頻道」的概念時，許多活躍使用者感覺受到了冒犯。蜜雅表示：「我們完全沒料到人們會這麼生氣。頻道其實就是一個人在 YouTube 上的身分，只是我從未想過，人們與自

己在網路上的身分如此密不可分。我們只要碰一下，就是侵入他們的空間、他們的東西。」[40]

事後，他們決定推遲新設計的上架日期，蜜雅與她的團隊也調整與網路社群的溝通方式。這次，他們採取主動積極的策略，蜜雅將產品與社群團隊的成員集中在一個空間，隨時準備在社群平台上回應使用者的問題並提供協助。她解釋：「這不只讓協調與回應更有效率，也能讓團隊成員感受到我們有責任為使用者做對的事情。」

蜜雅讓平台透明化，並花時間聆聽、理解利害關係人的擔憂及需求，反映了危機溝通理論的基本概念。

---

40. 〈YouTube 社群如何起步：訪談 YouTube 第一位社群經理蜜雅‧夸利亞雷洛〉（How the YouTube Community Got Its Start: An Interview with Mia Quagliarello, YouTube's First Community Manager），由貝莉‧理查森撰寫，刊載於 People & Company。

蜜雅表示：「如果少了使用者，平台將無法經營下去。他們是平台的血脈，而我相信顧客永遠是對的。我也因此學到面對用戶時，我們必須聆聽、理解並作出回應。這不只是為了提升產品品質，也是為了讓真正在乎的人被看見。」

Photo by Kai Elmer Sotto

蜜雅指出:「許多社群經理的死穴就是不聆
聽。就算只是一句簡單的『非常感謝你的回饋』
也行,我們必須讓人有被理解的感覺。」

遇到嚴峻的情況時,不妨參考危機溝通專家
建議的步驟:[41]

1. 迅速承擔責任

為錯誤負責才能重獲尊重。請盡快承認決定所
造成的負面影響,這將能避免成員之間的恐懼
及不信任持續膨脹,也能開始修復彼此的關係。

---

41. 選自〈所有組織都該具備的七種危機溝通技巧〉(7 Crisis Communication Tips
Every Organization Should Master),由蘿倫・蘭德里(Lauren Landry)撰寫,
Northeastern.edu。

2. 透明化

當社群對某些決定表達不滿時，成員們對身為領袖的你或對社群團隊的信任已受到打擊。現在他們將比以往更仔細地檢視你。

如果要重建信任，那就必須勇敢坦承。你必須提供成員正確、詳細的資訊與明確的改革計畫，以減少成員的猜測及不確定感。資訊隱瞞愈多，成員的關係與信任被破壞的風險就愈大，甚至可能演變到無法修復的地步。

3. 與核心成員深入對話

花時間與長期成員及新興領袖談論這次危機與衝突，他們能幫你向其他人清楚並真誠地溝通。

在你迅速、透明地回應成員後，最後一步便是從這次經驗中記取教訓。你在這次過程中觸及了社群的神經，並因此發現他們極為敏感的事務。請讓這次衝突的教訓與資訊，成為社群未來決策的參考，以避免類似的情況再次發生，並幫助你知道在未來發生變動時如何向成員溝通。

　　當你不斷面對成長中的挑戰，請記得：社群成員表示不滿其實是個好現象，這代表他們與你一樣，認真投入和參與社群的發展。

關注從不缺席的鐵粉

透過追蹤特定數據、蒐集資訊與訪談成員，更能準確掌握社群的脈動。

1. 我們是否清楚成員有沒有再度造訪社群？

若成員不再出現，這就不算是社群。請記得追蹤留存率、瞭解哪些人持續現身，以及他們如何對社群產生貢獻。

2. 我們是否清楚哪些成員最熱情參與？

辨識出「積極份子」有助於社群的穩定發展。請透過資料找出參與度最高的成員，並問自己：

社群裡是否有一群積極參與的志願者？

積極參與的定義是什麼？

他們為什麼會願意付出，他們的期待是什麼？

3. 我們決策失誤時，有沒有危機溝通計畫？

仔細聆聽社群內是否有不滿，決策失誤後，應立刻擔起責任，敞開心胸與核心成員溝通。

增添柴火：聽完整故事

想釐清自己社群的下一步該怎麼走嗎？歡迎到gettogetherbook.com/stoke，聽聽其他社群領袖詳細分享自己如何幫助成員凝聚在一起。

聽艾瑞爾分享，市區女子籃球隊如何從一個天馬行空的想法，演變為球員不斷增加、每週都打比賽的球隊；深度認識 Rapha 自行車俱樂部的徽章及其他的豐富內容。

III

Pass
the
torch

傳遞火把

擴大影響：和夥伴一起成長

截至目前為止，你的社群已經成形，也有能讓社群不斷成長的固定班底。此時，你該如何讓社群富有韌性，得以在接下來的日子裡，繼續實現目標造福無數人呢？

社群「饗宴」（The Feast）旨在透過晚宴，促進人們進行有意義的交流。我們的好朋友——同時也是饗宴的創辦人——杰莉‧周（Jerri Chou）曾告訴我們：「社群若無法自我組織發展，那就不算是社群。」不論你想要讓社群擴展到全球，或只是維持團隊獨有的氛圍及默契，都需要交棒出去。「一起成長」意味著領袖應承擔起培育更多領袖的責任。賦予人們能力去塑造社群的未來走向或許令人膽戰心驚，卻正是社群的偉大之處。將領導的責任分配給大大小小的積極份子，鼓勵他們承擔責任，強化他們的能力，最後再慶祝他們的成就。

第七步 /

Create more leaders

提拔領袖，分擔你的責任

將領導責任分配出去，能成就什麼事呢？

2010 年，美國費城（Philadelphia）幼兒園到十二年級的老師們，討論著學校的專業發展計畫（professional development，簡稱 PD）有多麼不實用，這種師資培育課程無法滿足他們的需要。最糟的是，老師被要求聽講的簡報內容，根本出自不瞭解教學現場挑戰的人。如果讓他們接手籌辦師資培育課程，會發生什麼事呢？

幾週後的一個星期六，100 位教育工作者聚在一起，舉辦美國教育營（Edcamp）首次的「非會議」（unconference）：沒有 PPT 簡報與課程，只有老師們互相學習。半天活動中，教師分成好幾個小組討論各種主題，包含課堂包容性（classroom inclusion）與適用於教學現場的科技工具。

教育營的其中一名主辦人，也是現任執行董事的哈德利・弗格森（Hadley Ferguson）回憶起

紐澤西州紐華克（Newark, New Jersey）教育營志工茉莉安・班傑明（Juli-Anne Benjamin）表示：「你來到教育營時會看見、經歷及感受到老師們間的連結。最終會得到的——簡而言之，就是一股『魔幻』的力量。」[42] 許多像茉莉安的教育工作者，自願將教育營的體驗帶至自己任教的城市。

Photos by Paul Jun

---

42. 「教育營：培力世界各地教育工作者＃分享教育營」（Edcamp: Empowering Educators Worldwide #SpreadEdcamp），教育營基金會（Edcamp Foundation）YouTube 頻道影片，youtube.com。

一名參與者向她說的：「這是我從事教育工作 20 年來最棒的訓練。」與會者對這次活動印象深刻，個個都想在自己的家鄉舉辦。教育營創辦人把握這次機會支持新興教育營領袖，並協助他們舉辦自己的非會議。

如今，超過 2 千名教育工作者在自己任教的地區舉辦教育營。他們在全美 50 州及 43 個國家聚集超過 15 萬名與會者。[43] 我們訪問的其中一名參與者就參加了超過 40 場活動（你將在本書最後一章認識她）！這一切都歸功於教育營創辦人主動找出上千名積極自發的志願者，並與他們合作，將教育營的魔幻力量散布到全世界。

---

43. 「教育營創辦史」（The History of Edcamp），教育營基金會（Edcamp Foundation），edcamp.org。

讓社群成長茁壯的祕密

社群成長的關鍵不在經營管理，而在培育領袖。有了他們的協助，社群能觸及到的人數及發展的時間一定比自己單獨經營時還多。

任何社群裡，促使團隊前進、擴展可能性的多數工作，都是由一小群熱情洋溢的核心成員所執行。生物學家、研究員及資深公眾科學家（citizen scientists）組織者山姆・德羅格（Sam Droege）於瑪莉・埃倫・漢尼拔（Mary Ellen Hannibal）所著的《公眾科學家》中說道：「多數事情往往都是由一小群狂熱份子完成。」[44] 對山姆而言，這些人就像是自願擔任蜜蜂觀察員的珍・惠特克（Jane Whittaker），書中寫道：「光

---

44. 《公眾科學家》（暫譯自 Citizen Scientist: Searching for Heroes and Hope in an Age of Extinction），瑪莉・埃倫・漢尼拔著。

她一個人就已盤點完西維吉尼亞州的蜜蜂數量。」社群長期下來的觸及率及影響力，取決於能不能找出對的領袖，並加以賦權，就如山姆賦權給珍，以及教育營賦權給眾多的志工。

對於成立社群的領袖而言，放心讓他人接下領導責任往往是個挑戰。我們容易變得過度保護、控制，甚至疑神疑鬼，擔心他們「沒有和我們一樣的標準」或「錯誤地呈現社群的品牌定位」。

千萬別向失去控制的恐懼屈服，就如馬歇爾‧甘茲所說：「組織者應該把自己視為培育其他人成為領袖的人。」[45] 你不必獨自辛苦，事實上，如果你想讓社群持續發展，就必須將思維從「增添柴火」轉變為「傳遞火把」。

45.「馬歇爾‧甘茲：你從何時開始把自己視為領導者？」（Marshal Ganz: When Did You Start Thinking of Yourself as a Leader），IHI 開放學校（IHI Open School）YouTube 頻道影片，youtube.com。

不論社群大小，思維的轉變都極為重要。將積極份子培育成領袖，不只能擴大觸及率，也是大社群長期維持影響力、小社群延續發展的唯一方式。仰賴單一領袖的社群，更容易在充滿不確定性又不斷改變的世界中瓦解。

若想維持社群獨有的感染力、增強影響力並擴大觸及率，同時挖掘盡責成員的潛力，就必須賦權他人。

◆ **領袖對社群應該緊抓還是放手？**

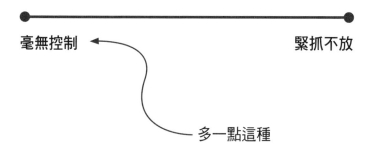

毫無控制　　　　　　　　　　　　　緊抓不放

多一點這種

誰，有成為領袖的潛力？

　　雖然美國教育營授權志工自己舉辦活動，山姆．德羅格授權科學家志願者做廣泛的考察，但實際上，社群的領導角色包羅萬象、可大可小。

　　也許你的公司正在尋找讓品牌更親民的「品牌大使」；或許你的非營利組織在尋找「志工協調員」，以激發他人參與服務；又或許你的網路粉絲團亟需為社群定調的「管理員」。

　　若要安排以上的角色，就必須審慎評選。那究竟該如何找到具有潛力的領袖呢？

　　以品牌大使為例：

1. 他們是否對產品及使用者抱持「真誠的熱情」？

　　最理想的情況就是他們已是產品的積極使用者（可以查看資料！），或者他們已是忠實粉絲，

大部分的時間都在研究產品，並主動回覆其他使用者的問題。

2. 他們是否擁有承擔大使宣傳責任的「資格」？

他們的表達是否清楚又富有熱情？或許他們比你的團隊更能表達產品的各個細節。

　　每個社群對於每個角色所要求的「真誠」程度及「資格」條件會不一樣。請先定義想要的篩選條件，再建立能審核條件的流程。

◆ 如何找出適任的領袖？

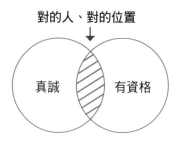

萬一提拔了不適合的領袖，怎麼辦？

當初看似適任的領袖，有一天也可能變得不適任。或許你誤判了他的動機是否真誠；又或許，社群所需要的領袖條件隨著時間出現了變化，導致某些原本名實相符的領袖不再適合擔負新的責任。

那麼，發現某個領袖「不適任」時，該怎麼辦呢？我們建議：不要害怕跟他說再見，好的領袖能帶動社群前進；不適任的領袖反而會抑制社群發展，甚至侵蝕社群原有的活力及感染力。

如果領袖違反社群規章（請見「第三步：讓大家開口，交談更要交心」），請他卸任大概會是顯而易見的決定。只要是領袖，就算承擔的責任比較小，也應成為新成員的榜樣。如果領袖沒能樹立榜樣，那就該卸任了。

我們也建議制定回饋及評鑑領袖的機制，定期檢視領袖的狀況。如此一來，將能為艱難的對

話騰出空間，也讓社群轉型變得可能。人與環境難免會改變，即便是最資深的領袖，也能藉著這些機會將火把傳遞給新人。對整個社群而言，留下固定時間讓每位核心成員評量自己的效率，並反思自身的貢獻程度，是非常重要的。然而，你必須記得，身為社群的創始領袖，你有主動開啟對話的責任。

最後，如果有些積極份子期望擔任領袖，卻不符合你為「真誠」及「資格」定下的標準時，該怎麼辦？這些人可是社群裡最積極、活躍及忠誠的成員。如果賦予了他們領袖責任，後來卻又告訴他們「你不適任」，怎麼看都會像是背棄他們的行為，不是嗎？

我們相信每個人都有適合的位置，每個人也都有成長到足以扮演新角色的可能。也許慢跑團裡的其中一名成員不適合帶慢跑，卻能從帶領大

家跑後收操開始;又或者,有一名成員想當活動的共同主持人,但卻不適合,與其拒絕他,不如邀他做企劃,或請他上台做簡短的開場。一位有創意、能啟發人的領袖,會思考如何將領袖職務分解成更小的任務,再有效分配給其他人。

Spotlight

找出好幫手，
才能真正實現社群的潛力

顯而易見地，你無法獨自一人打造社群。培育——發掘、審視及栽培——更多領袖，最大的樂趣，就是看見他們成就了遠超過你期望的成果。

我們從眾多社群的研究中發現，最大的影響力往往是由一群充滿熱情的核心成員所產生。這些傑出的領袖成了社群的催化劑，加速社群成就其使命。

雖然催化者十分罕見，卻能釋放強大的影響力。你的任務就是找出這些卓越的領袖，給予他們所需要的架構與支持，讓他們展翅飛翔。（想瞭解如何建立支持系統，請參考「第八步：讓你的領袖團隊變得更強大」）

以下我們將介紹四位深深啟發我們的催化者，他們的真誠參與及優秀的資格條件，讓社群走向更好的未來。

助攻瑪麗亞·凱莉登榜的鐵粉

1990 年代，瑪麗亞·凱莉成了全球最知名的歌手，但她有個問題：粉絲並沒有將她的 MV 票選進 MTV 經典排行榜 Total Request Live（簡稱 TRL）。當時年僅 16 歲的布里·阮（Bree Nguyen）是瑪麗亞的超級狂粉，也是網路論壇「瑪麗亞之友」（Friends of Mariah）的重要成員。

1999 年，當瑪麗亞公布自己將於三個城市舉辦簽名會，根據布里的說法，論壇上的粉絲開始「抓狂」。布里興奮地公告自己將前往洛杉磯的簽名會，此時，一名巴西的粉絲請她幫忙傳話給瑪麗亞，布里答應了，也把自己的電子信箱公開在論壇的留言串上。

隔天，布里竟收到 1 萬多封粉絲的信，他們紛紛期待布里能幫忙傳話給瑪麗亞。簽名會的前一晚，布里熬夜至凌晨四點，將所有粉絲的信印

出來，組裝成檔案夾。也將自己的信置於第一頁，用心解釋這一切的來龍去脈，並附上聯絡資訊。

簽名會當天，布里清楚自己與瑪麗亞互動的時間只有七秒。她表示：「當天我認真覺得，這一切在見面過後就會結束，檔案夾隔天就會被扔進垃圾桶。」出乎意料的是，三天過後，布里收到一封語音訊息：「嗨，布理，我是瑪麗亞，瑪麗亞・凱莉。我們簽名會那天有碰過面，我正在讀你給我的檔案夾，這是我收過最美的禮物，請代我向所有粉絲說聲謝謝。」

（是的，那封語音訊息，布里至今還留著。）

瑪麗亞的團隊非常好奇，布里到底是從哪認識這麼多瑪麗亞的粉絲？布里回答：「就網路啊。」然而，瑪麗亞的團隊從未聽過瑪麗亞之友的粉絲論壇。於是他們請布里邀請其他粉絲，在 TRL 為瑪麗亞投票，並給了她一份工作。

瑪麗亞與布里，
19 年後仍是很好
的 朋 友。Photos
courtesy of Bree
Nguyen

　　年僅 16 歲的布里開始與她的偶像上路巡迴，
她自學程式語言，在網路上建了特別給瑪麗亞粉絲
的 TRL 投票系統，有投票的粉絲就能獲得瑪麗亞
的語音訊息、各種驚喜和禮物。在布里的努力下，
瑪麗亞的 MV 首次登上 TRL 排行榜前十名[46]，也
使個人專輯《七色彩虹》（*Rainbow*）銷售量破 3
百萬，獲得三白金認證。

　　直到今天，布里與瑪麗亞仍是要好的朋友。

46.　*Total Request Live: The Ultimate Fan Guide*，伊恩 ‧ 傑克曼（Ian Jackman）著。

> 某一天，
> 我的語音信箱收到一封訊息……
> 嗨！布里，我是瑪麗亞
> ——
>
> 瑪麗亞‧凱莉。

布里‧阮
瑪麗亞‧凱莉的超級粉絲

凝聚 TED 演講全球社群的譯者

　　來自阿根廷布宜諾斯艾利斯的賽巴斯汀‧貝帝（Sebastian Betti）是 TED 大會翻譯量最多的譯者。九年之內，他翻譯、編輯及抄錄將近 5 千份演講文稿。

　　賽巴斯汀樂於主動學習，他曾於阿根廷國家科技大學（Universidad Tecnológica Nacional）教授使用者經驗設計，也是電腦科學家及遊戲研究專家。

　　在英國與當地大學合作期間，他看了一場 TED 演講，並想著：「裡頭的內容太精彩了，我好想分享給西班牙語的族群。」於是賽巴斯汀聯絡了 TED 的媒體部門，詢問是否能協助翻譯。媒體部門表示近期也收到來自法國、波蘭、義大利及日本譯者們的合作邀請，他們建議賽巴斯汀與

其他譯者一起合作，建立有系統的正式組織。他說：「這就是我踏進翻譯圈的第一步。」

協助 TED 翻譯初期，大多數的翻譯志工都獨立運作。賽巴斯汀回想：「我以前每天下班後就翻譯，面對許多不同主題的演講，從戲劇到核子物理學都有。很多時候，我都需要請求專家協助，也遇上很多技術問題。」

為了加速翻譯流程，賽巴斯汀幫忙協調及連結 TED 社群裡的譯者，並聯繫特定領域的專家協助檢查譯文。如今，超過 3 萬 3 千名譯者，翻譯了 116 種語言、超過 14 萬場 TED 演講。[47] 賽巴斯汀解釋：「我們彼此扶持，當初一場 TED 演講大概要花我八到十小時。現在透過團隊合作，我一週就能完成 10 到 20 場。」

---

47. 「翻譯」，TED：散播值得分享的想法（TED: Ideas Worth Spreading），https://www.ted.com/participate/translate。

賽巴斯汀‧貝帝（左）與字幕協調員吉塞拉‧賈爾迪諾（Gisela Giardino）於
TEDx 南錐體組織工作坊（南錐體為南美洲南迴歸線以南地區）分享工作內容。
Photo by Gonzalo Esteguy @thisguyphoto

　　這麼多年來，為什麼會願意一直跟 TED 合作
呢？賽巴斯汀表示：「譯者社群讓我有機會跨越
各式各樣的界線。我們透過友善、多元的觀點探
討不同主題。我也在過程中認識許多傑出人才，
並成為長期來往的朋友。」

譯者社群讓我有機會
跨越各式各樣的界線。

賽巴斯汀・貝帝
TED 演講的翻譯志工

引進創新教育營的熱血教師

從小學二年級開始，妮可・泰勒（Knikole Taylor）就立志長大要當老師。她回憶道：「那年遇到超棒的卡內基老師，她讓我感覺自己很獨特、有創意又優秀。好像，我說的話很值得被聽見。」

妮可獲得財經學位後，某一天，她高中時的校長——也是現任學區的人事主任——親自打給她，詢問她是否有意願在自己求學時的同一學區任教。妮可表示：「我想要一份可以回饋社會的工作，如今我已任教 15 年，仍然致力讓孩子們感受當時卡內基老師給我的感受。」

到了 2013 年，妮可在教書中遇上瓶頸，發現自己正尋找能恢復教學熱誠的東西。在推特的某個教育專欄，她發現許多人談論著教育營——一個由教師主動發起，讓教師分享經驗及互相教學

的活動。妮可說：「我當下跳出對話框，馬上搜尋最近的教育營在哪。」

於是，她開了四個小時的車，從達拉斯到休士頓，想一探究竟教育營到底是什麼樣的活動。

妮可立刻被吸引，她表示：「太令人震驚了，我學到好多，都來不及寫筆記。」她下定決心在達拉斯舉辦教育營，並立刻寄出電子信件，聯繫自己在 Facebook 及推特上認識的老師，尋找願意協助她並一起參與的教育工作者。

2015 年 10 月的某個星期六早晨，妮可舉辦了人生第一場教育營，當地許多教師蜂擁而至。妮可說道：「我只是模仿在休士頓教育營所看見的，再將規模縮小。」

三年後，妮可仍自稱「教育營狂粉」，她已參加超過 40 場教育營，也持續在達拉斯自行舉辦。她告訴我們：「只要離我家兩小時內有一場

妮可‧泰勒已參加超過40場教育營活動。
Photo by Ken Shelton

教育營，我就非去不可。」如今，她六歲大的兒
子想當老師，也參與過幾場教育營，她的先生偶
爾也會湊一腳。

　妮可造福自己及其他教育工作者的動機，來
自過去卡內基老師對她的影響。妮可說道：「我
能成為今天的我，是因為過去有人願意栽培我。
當有人祝福我們，我們應想想自己能如何祝福其
他人來做為回報。」

我能成為今天的我，
是因為
過去有人願意栽培我。

妮可‧泰勒
達拉斯西南部教育營策劃人

深入報導迷你圖書館的作家

　　瑪格麗特‧奧德里奇（Margret Aldrich）熱愛閱讀及語言，念完英語碩士後，她展開出版與記者的生涯，並在閒暇時間參與社區閱覽計畫。因此，毫無意外地，當瑪格麗特第一次看到迷你圖書館（Little Free Library）時，立刻愛上了它。[48]

　　2009 年，為了向身為老師又喜好閱讀的母親致敬，陶德‧波（Todd Bol）在威斯康辛州（Wisconsin）的自家前院設立了首座迷你圖書館。迷你圖書館的外觀是美國傳統單室學校的模型，裡頭擺滿陶德想送出去的書，而操作原則很簡單：「一書換一書。」

　　瑪格麗特看到後決定在自家院前也設一座，並向陶德的非營利組織申請成為正式管理員。她

48.　瑪格麗特‧奧德里奇於 Get Together Podcast 節目第五集裡表示。

表示：「我的個性內向，不知道自己是否能當一個好管理員。然而，我在經營後才發現原來任何人都做得來，這座圖書館讓我更容易與社區居民建立關係。」

受到自己擔任管理員、與鄰居交換書籍的經驗影響，瑪格麗特開始認識世界各地的迷你圖書館管理員。像是五歲大的小男孩烏梅爾（Umayr）從加拿大搬到卡達後，為了結交新朋友，與爸爸一起設立一座迷你圖書館；或像來自蘇丹的婦女瑪拉茲·霍賈雷（Malaz Khojali），致力在自己國家設立 100 座迷你圖書館，以提高識字率。

瑪格麗特將這些故事集結成書，在 2005 年出版《迷你圖書館之書》（*The Little Free Library Book*）。除了介紹特別傑出的管理員外，也介紹組織的由來，並提供一些小撇步給未來的管理員。

在寫書的過程中，瑪格麗特有機會認識迷你

瑪格麗特·奧德里奇（左）與朋友安妮特拉（Anitra，右）在一座迷你圖書館前合影。
Photo by Nathan Kavlie

圖書館的團隊，她說：「他們使我更加興奮，因為這群人致力為世界帶來正向的改變。」陶德邀請瑪格麗特加入組織的行銷傳播團隊。如今，無數的管理員已在 91 個國家設立 8 萬座迷你圖書館，而瑪格麗特也持續挖掘傑出的管理員，使他們發光發熱。

我一看到迷你圖書館就愛上了它，
它讓人一看就懂。

我能拿取，也能給予。

瑪格麗特・奧德里奇
迷你圖書館管理員及說故事的人

培育更多領袖

　　讓社群成長的關鍵不在經營管理，而是在培育領袖。這一小群充滿熱誠的核心成員能使社群長期蓬勃發展。若想找到這群領袖，請釐清以下問題：

1. 在你的社群裡，怎樣才算是「符合資格」的領袖？
　　尋找擁有你需要的專業技能的積極份子，就像瑪麗亞‧凱莉招募熟悉網路的布里‧阮，或像 TED 大會邀請賽巴斯汀‧貝帝協助翻譯工作。你能在社群裡依據不同責任層級，設立對應的領袖角色。

2. 如何挑選出「真誠」的領袖？
　　尋找真心被社群的目的觸動的領袖，就像教育營的妮可‧泰勒以及迷你圖書館的瑪格麗特‧奧德里奇。

3. 社群是否有針對領袖群的回饋機制？

透過定期評量制度，使社群能營造安全又有條理的變革空間。若領袖不適任，不要害怕跟他說再見。

Supercharge your leaders

讓你的領袖團隊變得更強大

選出適合的領袖後，接下來你得讓他們變得更強大，才能一起達成更多任務。

哈德莉・弗格森（Hadley Ferguson）已協助上百位像妮可・泰勒一樣的教育營策劃者在自家地區籌辦教育營，她告訴我們，成全志工組織者的藝術在於平衡組織架構與自由。她建議：「當你讓人們去承擔某個領袖角色的挑戰時，應提供他們剛好足以應付挑戰的組織架構。組織架構能賦予新興領袖自信，自由能賦予他們責任感和承擔力。」

想想電影《駭客任務：重裝上陣》（*The Matrix Reloaded*）中的角色鎖匠（Keymaker）吧，鎖匠在電影高潮的追逐片段中，不斷在對的時間點抽出對的鑰匙，開門、解鎖並啟動摩托車，好讓主角逃命。

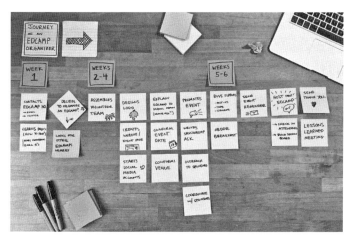

教育營籌劃人舉辦首次活動的歷程圖，請別被圖中的細節嚇到，而是專注在幾個關鍵的活動就行。

Photo by Kevin Huynh

想讓每位領袖在自己的崗位表現良好，就得為他們找到像鎖匠這樣的輔助角色，提供他們需要的協助，並制定有助於社群省時、成長及達成目標的策略。

設計領袖歷程圖

　　鎖匠該如何判斷社群領袖什麼時候需要什麼樣的支援呢？你的任務就是成立一個有效的支援系統，而非提供毫無組織、零散的資源。事實上，只要用簡單的紙筆就能為需要幫助的領袖設計歷程圖。

　　首先，請在核心領袖群中組織智囊團，並用便利貼記錄每位領袖負責的主要活動。歷程的長度由你來決定：可以先記錄領袖一天的活動及任務，或剛上任前六個月的主要任務。

若這一切對你而言是新的嘗試，我們建議你在接下來的幾個月，記下領袖的主要任務。請先將重大的職責記錄下來，才知道從何協助。

　　透過以下的問題討論，建立領袖的歷程圖：

1. 領袖舉手接下職責後，他們跨出的第一步為何？
2. 他們如何被審視？受人歡迎？具備所需技能？受到認可？
3. 他們的工作內容包含哪些主要活動？他們目前得到哪些支持呢？

偵測領袖需要的支援

　　當你完成歷程圖後，接著就要討論哪些活動能提升領袖對社群的價值。

　　你所提供的支持應「強化有價值的活動」，並

「減少或淘汰毫無作用的活動」。[49] 換句話說，請專注在能幫助領袖擴大影響力或節省時間的活動。

檢視領袖歷程圖時，務必思考以下三個問題：

1. 哪些活動具有價值？

2. 哪些活動沒那麼有價值，卻有必要？

3. 哪些活動毫無幫助？

請不斷在過程中提醒自己成立社群的目的為何。人們或許會從不同面向——包含影響力、成長、金錢等——來定義什麼是「有價值」的。因此，幫助領袖將價值的定義帶回到社群成立的「目的」，並以此安排支援的優先次序。

---

49. 參考精益六西格瑪（Lean Six Sigma）模式（Introduction to Lean Six Sigma Methods），出自 Earll Murman、Hugh McManus、Annalisa Weigel 與 Bo Madsen 的課程，MIT OpenCourseWare。

◆ 用兩個問題評估一項活動要不要繼續

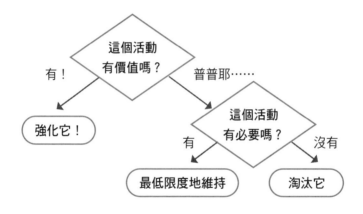

以上的分析活動價值圖結合了使用者體驗（user experience）的歷程圖繪製（journey mapping）及企業精益管理（lean management）的價值流程圖（value stream mapping）。

　　我們可以從以上問題的答案找到支持領袖的機會，以及如何幫助他們的新想法。例如：

1. 領袖第一次舉辦活動時，會害怕嗎？

　　如果我們先提供正式的訓練呢？

2. 領袖會花好幾個小時設計簡報嗎？

　　我們可以提供簡報設計範本嗎？

3. 領袖會花時間找檔案、筆記或其他社群資源嗎？

　　我們可以把所有資源集中在一個連結裡嗎？

許多方式都能在領袖需要協助時幫上忙，像是舉辦訓練課程、親自教授指導、製作範本、架設資料庫、錄製教學影片、建置工具、寫好電子郵件範本、設計核對清單、蒐集最佳實踐法、撰寫電子報、製作常見 Q&A、建立夥伴關係、簡化溝通流程、翻譯文件、提供資金、製作通訊錄、表示認可或認證、介紹朋友認識彼此、寄送提醒、減少要求條件，甚至是改變活動的優先次序。

　　先思考想要強化、減少或淘汰哪些活動，並在領袖最關鍵的工作任務中，有創意地提供支援。

強化你的領袖團隊

選出適合的領袖後，接下來你得讓他們變得更強大。你的目標就是在領袖需要時提供支持。

1. 領袖的歷程是什麼？

製作領袖歷程圖，請思考：

領袖舉手接下職責後，他們跨出的第一步為何？

他們如何被審視？受人歡迎？具備所需技能？受到認可？

他們的工作內容包含哪些主要活動？他們目前得到哪些支持呢？

2. 領袖在哪些地方最需要支援？

透過以下問題來決定哪些活動優先獲得支援：

哪些活動具有價值？

哪些活動沒那麼有價值，卻有必要？

哪些活動毫無幫助？

3. 你可以如何提供支援？

釐清哪種形式的支援能為領袖工作任務增添最多的價值，就如凱文與他的團隊為創意早晨籌辦人所做的那樣。

Celebrate together

一起慶祝社群的成就,再往前邁進

社群慶祝活動能重新激發團隊的活力。不論是同在一個屋簷下或透過網路連結散布各地的成員，都能邀請每位成員暫時放下手邊工作，花點時間重新聚焦。在大家共享的慶祝時光裡，一起思考接下來的方向、再次充電，並回顧過去所達成的成就。

對社群而言，歡慶時刻不是為了打破過去參與人數紀錄或增加曝光度，而是鼓舞社群繼續前進的最佳機會。

普里亞‧帕克（Priya Parker）在著作《聚會的藝術》（*The Art of Gathering*）一書中寫道：

如果我們不檢視聚會背後更深層的目的，便容易導致自己複製過往、固定的聚會模式，因而放棄創造具有紀念意義，甚至有改革能力的東西。[50]

---

50 . 《聚會的藝術》（*The Art of Gathering: How We Meet and Why It Matters*），普里亞‧帕克著。

我們在策劃慶祝活動之前，應該明確定出慶祝的原因（或許跟社群成立目的極為相關）。為什麼大家要聚在一起？慶祝活動如何幫助社群成長？帕克解釋：「只要清楚活動目的，突然間，所有活動相關的決定都能迎刃而解。」當你釐清慶祝目的，其他籌備方向、模式、參與人數、時間地點等都會一目瞭然。

一場重新激發超級粉絲的慶祝活動

一位星際大戰狂粉的能量或許很可觀，兩位狂粉也還不錯，但成千上萬狂粉盡全力慶祝，可是能為整顆死星（Death Star）帶來能量的。

因此，1999 年，盧卡斯影業決定聯絡星際大戰官方粉絲俱樂部負責人，舉辦首次慶典活動。活動目的就是在星際大戰系列 16 年來首部新電

影《星際大戰首部曲：威脅潛伏》（*Star Wars: Episode I—The Phantom Menace*）上映前，激發粉絲的能量和熱情。慶典活動刻意在電影上映前兩週舉辦，竟吸引了全世界 2 萬名粉絲來到美國丹佛市。結束後，粉絲們興奮地回到自己的城市，迫不及待排隊買電影票。

六歲時看了首部星際大戰電影後就著迷的布倫南·斯溫（Brennan Swain），分享促使自己參加第一屆慶典的原因：

從小這系列電影就對我意義重大。我非常興奮有機會與許多和我一樣對星際大戰充滿熱情的粉絲，一起在電影上映前參加慶典。我迫不及待與來自全國和世界的線上社群粉絲們見面。

盧卡斯影業的前三屆慶典刻意在首部、二部

關於自己在第一屆星際大戰慶典的經歷，布倫南‧斯溫表示：「離開時的朋友，比來的時候還多。」

Photo by Rob Deslongchamps, copyright 1999

與三部曲上映的年份舉辦。隨著每屆慶典人數不斷增加，盧卡斯影業決定持續舉辦。

2019 年 4 月，第一屆慶典後 20 年，盧卡斯影業舉辦了第 13 屆慶典。[51] 主辦單位估計超過 7

---

51. 「2019 年芝加哥星際大戰慶典」（Chicago 2019 Star Wars Celebration），星際大戰慶典（Star Wars Celebration），starwarscelebration.com。

萬人前往芝加哥參與，其中一名正是布倫南。為什麼還要再參加一場呢？他表示：「《星際大戰七部曲：原力覺醒》（*Star Wars VII: The Force Awakens*）在 2015 年上映時，重新激發我對星際大戰的熱愛，我當下只想著：『該是參加這項活動的時候了，可以見見好幾年沒見的老朋友。』」即使過了 20 年和 13 屆活動，慶典仍做到其最初舉辦的目的：激發粉絲對星際大戰的熱情。

帶著方向感設計慶祝活動

星際大戰慶典的目的明確：在新片上映前激起粉絲的熱情，而盧卡斯影業的粉絲見面會模式也實現了這項目的。

然而，每場社群的慶祝活動不見得需要面對面進行。事實上，直接複製貼上其他地方看到的

活動，多半無法帶動你的社群成員。

　　不如選擇一個與社群身分特質及目的相關的模式。正確的模式是聚集人們及實現慶祝目的的關鍵。

　　率先創辦了世界愛樂壓大賽（World AeroPress Championship，簡稱 W.A.C.）的人，正是藉由比賽聚集了世界各地最頂尖的愛樂壓咖啡師。

　　為什麼採用比賽的模式呢？國際知名咖啡師及賽事創辦人提姆・溫德博（Tim Wendelboe）和提姆・瓦爾尼（Tim Varney）在 2008 年舉辦第一屆大賽。當年愛樂壓才剛上市，發明者艾倫・阿德勒（Alan Adler）在包裝內附上產品使用說明書，然而，像是溫德博和瓦爾尼（兩位也是挪威愛樂壓發行商）這樣的死忠咖啡迷，認為自己能找到更好的使用方式。

　　與其花上好幾個月的時間研發更好的愛樂壓咖

啡配方，溫德博和瓦爾尼決定從其他咖啡師那兒蒐集想法。於是，他們在奧斯陸舉行稱為「世界愛樂壓大賽」的小規模比賽。往後幾年，世界各地粉絲都要求讓他們自行舉辦賽事，於是這種模式開始擴散。如今每一賽季都有超過 3 千名選手參與區域性比賽，並於每年度舉辦世界冠軍賽。[52]

世界愛樂壓大賽輕鬆簡單的比色模式吸引了許多人。現任執行長提姆・威廉斯（Tim Williams）解釋：「比賽節奏快、容易參與，我們發現，一般咖啡愛好者最有共鳴的就是這兩點。」[53] 不同於比較正規、擁有厚厚一本參賽規則手冊的咖啡師比賽，世界愛樂壓大賽只有八條規則。

52.「我們的故事（到目前為止）」（Our Story(So Far)），世界愛樂壓大賽，worldaeropresschampionship.com。
53. 提姆・威廉斯於 Get Together Podcast 第 13 集表示。

Photo by Abi Varney(@abivar) for W.A.C

世界愛樂壓大賽執行長提姆‧威廉斯表示：「我們的活動絕對以社群為核心，舉辦
賽事根本是聚集人們、享受美好時光的藉口。」

Photo by Glenn Charles Lopez for W.A.C.

溫德博和瓦爾尼成功聚集了過去鬆散的愛樂壓粉絲，共同測試愛樂壓咖啡機的各種使用方式，而比賽模式及其簡易規則實現了這個目的。如今，世界各地的愛樂壓社群仍持續競賽，看看當這樣簡單卻功能強大的工具，交給具有好奇心的人之後，能帶來哪些新的可能。

線上舉辦慶祝活動？沒問題

網路社群也能舉辦慶祝活動嗎？當然可以。

YouTube 就這麼做了，它邀請世界各地的使用者投稿，將自己在 2010 年 7 月 24 日那天的生活拍成影片，上傳至平台。

為了讓影片內容趨於一致，投稿者須根據特定問題拍攝，像「你最愛的是什麼」、「你最害怕什麼」或「你口袋裡有什麼」。最後，YouTube

收到來自 192 個國家的 8 萬 1 千部影片,片長共
4 千 5 百小時,並剪成 90 分鐘的電影。這部電影
從全球各地的投稿者視角出發,呈現自己生活最
真實的一面,反映了 YouTube 最初成立的目的:
成為任何人都能拍攝和分享影片的平台。[54]

　　YouTube 社群團隊和一開始邀請使用者參與本
計畫一樣,邀請全世界觀賞片名為《一日人生》
(*Life in a Day*)的電影。每位投稿者都被稱為副
導演,並被鼓勵在自己的城市舉辦放映會。這部
片在日舞影展(Sundance Film Festival)首映時,
YouTube 邀請 20 名投稿者到場觀賞,也在平台上直
播整場活動,擴展觀賞人數至上千位。自 2011 年發
布後,《一日人生》在 YouTube 的觀賞次數已超越
1 千 5 百萬次(至今仍能在 YouTube 觀賞)。[55]

---

54. 〈一日人生〉(Life in a Day: Around the World in 80,000 Clips),由凱文 · 麥克
唐納(Kevin Macdonald)撰寫,《衛報》(*The Guardian*)。

一名男孩於《一日人生》片中商量自己擦鞋的服務費，他與父親一同受邀參加現場首映會。

Screenshot via YouTube

---

55. 《一日人生》（*Life in a Day*），由 Life in A Day 發布的 YouTube 影片，youtube.com。

究竟是什麼驅使 YouTube 與其使用者「一起」
製作這麼有野心的電影？ YouTube 首位電影社群
經理，莎拉・波拉克（Sara Pollack）分享：「這
部電影製作於 YouTube 歷史上令人驚嘆的時期。
當時我們正思考該如何彰顯出科技的創新與正向
影響力——也就是說，科技如何驅動新的說故事
與建立社群的方式。」[56] 藉由網路合作的模式，
YouTube 慶祝了其平台獨有的功能：創作影片，
並跨越國界分享。在這個過程中，YouTube 鼓勵
各地的 YouTuber 與彼此、公司和電影業連結合
作，創作出前所未見的巨著。

---

56. 莎拉・波拉克於 Get Together Podcast 第 10 集表示。

別忘了添加你的獨家祕方

你現在應該已釐清慶祝的目的，並選擇一種能實現該目的的模式。你的慶祝活動已經具備方向和結構，這是個很棒的開始。

當你為慶祝活動忙碌時，別忘了融入代表團隊身分的符號及語言。運用社群為維繫關係所使用的徽章、儀式及共通語言（參考「第五步：讓社群成為獨一無二的『我們』的重點回顧」）。

當規劃慶祝活動時，請問問自己：

1. 我們有哪些徽章？

在活動裡秀出它們。

2. 我們有哪些儀式？

以團體為單位一起進行。

3. 我們有共通語言嗎？

將共通語言或特定字詞融入活動中。

你可以將這些代表社群身分的符號融入活動裡，藉此提高慶典活動的能量。若忽視它們，不論籌辦的意義或模式有多精進，整場活動仍會顯得有氣無力；更糟的是，成員們離開時會感到被消耗，甚至失去連結感。

其中一個大力添加自己獨家祕方的團體，就是洛杉磯 R&B 143 派對的粉絲社群。2013 年，Partytime、siik 及 SOSUPERSAM 三名 DJ 為了「向偉大的情歌致敬」，創辦了 143。[57] 如今，143 吸引上千人參加，得排隊好幾個小時才能入場。

儘管每場 143 派對都像是慶祝活動，他們在

---

57. 「1-4-3 代表『我愛你』」（1-4-3 MEANS 'I LOVE YOU'），143，143worldwide.com。

帶有歌詞的海報、歌手大型面具是 R&B 粉絲以熱情製作的眾多產物之一，正是這些東西讓 143 派對如此獨特。

Photo courtesy of 143 Worldwide

感恩節前一天，還是會卯足全力舉辦每年度最大的活動。社群對 R&B 的熱愛體現於活動大大小小的細節中，包含印上菲瑞‧威廉斯（Pharrell Willams）歌詞的海報、製作歌手大型面具，甚至有歌手傑魯（Ja Rule）及亞香緹（Ashanti）的驚喜演出。143 派對深深融入了社群對 R&B 音樂和文化的欣賞。

回顧過去的成就

蓬勃發展的社群都始於無數微小的合作關係。雖然這很難在日常瑣事中察覺到，但小小的行動長期累積下來卻會產生顯著的影響力。

身為領袖，你或許是社群裡唯一清楚社群影響力有多廣泛的人。因此，你不妨在慶祝活動中，主動與成員們一起回顧過去共同達成的目標，並

呈現成員集體的行動及貢獻所造成的影響。不論
是達成目標、里程碑或慶祝週年，因為你與成員
們的合作，將讓社群愈來愈接近最初成立的宗旨。
這就是先讓大家聚在一起的目的所在。你實現這
個目標的能力，將在未來幾年繼續將成員團結在
一起。

一起慶祝

社群的慶祝活動能重新激發團隊活力。在大家共享的慶祝時光裡，我們思考接下來的方向、再次充電，並回顧過去所達成的成就。

1. 「為什麼」要聚集大家？

在我們籌辦活動之前，先思考聚在一起的目的為何。這場慶祝活動如何幫助社群成長？清楚的目標（像是激起星際大戰粉絲的熱情）使你在決定像是活動模式這類的重大決策時更有方向。

2. 我們如何添加社群的獨家祕方？

「我們有哪些徽章？」在活動裡展現它們。

「我們有哪些儀式？」以團體為單位一起進行。

「我們有共通語言嗎？」請使用它！

3. 我們一起成就了哪些事？我們透過什麼方式來回顧這些成就？

身為領袖，你或許是社群裡唯一清楚社群影響力有多廣泛的人。

傳遞火把：聽完整故事

你正思考如何使成員更願意承擔責任，並如何與社群一起慶祝嗎？歡迎上 gettogetherbook. com/pass，向已經培育許多領袖們的領袖學習。

你可以從網站上的故事，更深入瞭解選派及賦權給領袖的歷程，實際案例包含世界愛樂壓大賽的提姆・威廉斯及迷你圖書館的瑪格麗特。你也可以聽聽丹分享自己為粉絲籌辦星際大戰慶典的過程。

What's next for your community?

你社群的下一步,是什麼?

我們研究培育社群的各個階段後非常好奇：在打造社群的歷程上，「你」處在哪個階段呢？是在創立初期，還在思考如何點燃一群人的熱情嗎？還是已成立社群，但在尋找增添柴火的方法？又或者，你擁有一群充滿活力及潛力的成員，正思考著如何傳遞火把呢？

　　不論社群現在處於哪一個階段，請記得，你的合作對象是一群活生生的人，而不可避免地，總會有些超出掌控的結果。成員們對社群的興趣總會隨著時間潮起潮落，一切純屬正常。環境會變，而成長會讓曾經親密且具有草根性的社群，變得龐大且正式（這樣的感受不僅對成員，甚至是對像你一樣的籌劃者）。

　　改變無可避免，與其抗拒它，不如建造一個能適當回應改變的社群。

本書旨在幫助你培育一個能彼此支持、合作又有韌性的社群。透過本書，我們看見如何避免「要求他人」，而多「與他們合作」。我們應該在各個階段放下愈來愈多的控制權，並賦予成員更多的能力和責任。

我們的團隊常說，最成功的社群是那些再怎麼禁止，都無法阻止他們聚在一起的社群。這樣的社群能對成員、領袖，甚至是全世界，帶來真實且永久的影響力。

社群若沒有動能和活力，組織便會遇上瓶頸。賞雲協會創辦人，蓋文‧普瑞特—平尼正面臨這樣的狀況，他表示：

如果不是每項細節都需要經過我同意，賞雲協會能發展得更廣闊。從創辦以來，大大小小的事情都由我負責，我設計過網站和商品、寫過書、上過訪談節

目。一切都很不錯，但有天就突然到了一個我們無法再前進的地步，這是我們目前面臨的挑戰。[58]

直到社群成員能在不依賴你的時間和資源下獨立發展，你的任務才算完成。請自問，若這個社群沒有我，它還能繼續蓬勃發展嗎？（若赫克特當天無法出席，WRU 慢跑團還會跑步嗎？若洛拉暫時放下貼文的工作，Female IN 的成員會繼續分享故事嗎？若教育營總部不再提供資源，世界各地的教育營會停止聚會嗎？）

如果還沒達到這個階段，請融入更多聆聽、鼓勵成員參與更多；最重要的是，將栽培領袖視為第一優先。放棄控制權往往是一件令人害怕的事，但我們保證，將責任和權力分配下去，是必

---

58. 蓋文・普瑞特－平尼於 Get Together Podcast 第 2 集表示。

要也是具有成就感的過程。點燃火焰後,只有共
同打造才能使社群持續燃燒、發出光芒。

"

對我而言，一個能和平共處的社會，
就好比每個人都帶一道菜過來的
朋友聚餐。
這是一個每個人都有所貢獻，
能建立友誼的社會。

"

耳舒拉‧富蘭克林（Ursula Franklin）
物理學家、教育家、社運人士

建立互惠的文化

—— 貝莉・理查森

　　當我在 2012 年初加入 Instagram 時，辦公室只有十幾位員工，包含幾位工程師、一名設計師、一名商務拓展負責人以及一個小小的社群經營團隊。

　　我們的社群經營團隊成了使用者與開發者之間的交流管道。我們回應使用者寄來的疑問，讀每封標記 @Instagram 的推特文，寫了 Instagram 的使用規章，說明哪些照片可以或不可以上傳（為了執行規章，我們瀏覽了無數的照片），並在 app 故障或有新功能出現時發出公告。

　　但我最喜歡的工作內容就是發掘與眾不同的 Instagram 帳戶。我會花上好幾個小時，尋找世界各地獨特、有趣且充滿創意的使用者，包含一名對影像充滿熱情的西藏僧侶格敦・旺久（Gedun

貝莉與安德魯‧納普（Andrew Knapp，帳號：andrewknapp）和他的狗 Momo
終於相見的那一天。貝莉追蹤安德魯極具創意的 #FindMomo 系列照片，並在
Instagram 的部落格作介紹。自此，他已出版四本「尋找 Momo」（Find Momo）
的書。

Photo courtesy of Bailey Richardson

Wangchuk，帳號：@gdax）；一位來自加州且
當時在北韓平壤教英文，記錄所見所聞的用戶德
魯・凱利（Drew Kelly，帳號：@drewkelly）；
一位來自日本東京的攝影師塚本翔太（Shota
Tsukamoto），他專門記錄名為達西（Darcy）的
寵物刺蝟（帳號：@darcytheflyinghedgehog）。
我從未看過這類相片，和我一樣的人在世界各地
以第一人稱視角拍攝，並即刻上傳。他們讓我看
見參與 Instagram 社群的獨特價值，我能以此窺探
與自己截然不同的生命，彷彿是自己的一般。

　　我發現出眾的帳戶時，會將他們列入推薦使用
者名單，並在公司的部落（blog.instagram.com）和
自己的 @Instagram 帳戶介紹。透過這些平台，我
們讓傑出的使用者受到成千上萬的讀者欣賞。隨
著我們的成長，我開始尋找世界各地的寫手，用
更多的語言去撰寫不同帳戶的故事，從俄文到日

isabelitavirtual ✓ • Follow

isabelitavirtual It was an odd relationship.
#WHPpatterns

View all 35 comments

trynidada 🌸 ✌️ 💔

manilazposts The
#womanwholovescolors 💜💜 🤍 💜 💜

shoesinart Love

karenschuang This was the visual goal
@dianascho @n8thankim

alessiaglaviano Great @isabelitavirtual
💜 💜 💜

isabelitavirtual #WHPpatterns

isabelitavirtual @quietpoem
@unskilledworker @teklan @tilly2mily
@trynidada Thanks goddesses.You all
are

joselourenco 👏 👏 👏

2,505 likes

MARCH 19, 2016

Add a comment...

貝莉發現的一名 Instagram 使用者伊莎貝爾‧馬丁尼茲（Isabel Martinez，帳號：
@Isabelitavirtual）表示：「當我收到將登上 Instagram 帳號的通知信，我想到的
第一件事是『我有被看見』。在那之前，Instagram 對我而言就是個抽象的軟體，
只是一間公司，由一群不知相貌的人所營運。那封信成了我與他們之間的橋樑，我
開始覺得有責任感，覺得自己是 Instagram 渺小卻重要的一部分。我們是走在一起
的。」
Photo by Isabel Martinez

文都有，以確保社群成長的同時，說故事的頻率和能力也一起上升。

　　為什麼要持續說故事呢？人們無法成為自己未曾見過的模樣。我們想要呈現而非告訴人們 Instagram 的核心價值。如此一來，我們不只提供現有用戶新的靈感，也讓世界看見 Instagram 是通往世界之窗。

　　我們並未強迫任何人加入，而是不斷表明 Instagram 的宗旨，讓人們自己決定是否要加入。我們採訪和推薦的早期 Instagram 使用者提供了善意與支持，如果沒有他們，我們不可能達成這一切。他們為這個微小的手機 app 賦予生命，也成了往後使用者的典範，使 Instagram 如今的規模擴大至全球。

　　當你身為社群的創始領袖時，必須記得聚光燈在你手上，我期待你明智地經常使用它。請運

用自己說故事的能力營造社群互惠互助的文化，
主動去尋找並分享傑出成員的故事，激勵其他人
一起參與同樂。根據我的經驗，說故事的循環不
只會感動現有及潛在的成員，也會賦予你和你的
作品更多意義。

Bailey Richardson

透過擁抱歷程來支援你的領袖

— 黃凱文

　　我大學時除了念機械工程，還花一樣多的時間經營一個籌劃校園活動的組織 SUPERB，每年協助 80 位學生活動策劃者，舉辦超過 100 場演唱會、電影放映會和喜劇表演。我把每週排滿活動，像是在星期一舉辦搶先觀賞《三百壯士》（ *300* ）的活動；星期三舉辦即興喜劇表演；星期五舉辦嘻哈樂團「象形文字」（Hieroglyphics）的演唱會。

　　我還記得自己在物理學和熱力學之間的下課時間，不斷接聽電話，確保活動籌辦員獲得他們需要的一切資源，不論是活動最終檢查或場地許可證，甚至是發洩的管道。我非常享受做為支援活動的幕後團隊。這些經歷好像開啟了我大腦的某個開關，我發現只要願意為領袖培力，並在需

要時提供支援，好像任何事都辦得成。

我讀完碩士後開始找工作，同時卻感到一股熟悉的拉力。我渴望參與能聚集人群的工作，不論我父母如何拜託，我最終放棄了 Google 的工作邀請，跟著直覺，前往紐約市從事一份兼職工作。

身為越南難民的孩子，當我選擇一項較不尋常也較不穩定的工作時，身邊的人總是充滿疑惑及擔憂。某個夏天的夜晚，我拖著兩只大行李抵達紐約，內心焦慮、興奮而堅定。

我成了創意早晨──一間在紐約市舉辦免費講座的組織──第一位支薪的正職員工，並與創辦人蒂娜·羅斯·艾森伯格（Tina Roth Eisenberg）合作。當時活動已擴展到紐約以外的三座城市，每月舉辦的早晨演說，吸引上百名創意領域工作者聆聽。

我還記得自己第一天上班登入信箱時，發現收件匣堆滿許多期待能將創意早晨引進自己城市的來信。蒂娜為我開了綠燈——授權我去摸索如何建立志工團隊、分擔領導責任，並將創意早晨擴展至全世界。

　　我做的第一件事就是繪製一名創意早晨策劃員會經歷的歷程。我打給現任志工們，瞭解他們如何籌辦第一場的活動。我問他們這類問題：

1. 策劃一場講座會牽涉哪些事情？
2. 最令人頭痛的問題是什麼？
3. 最浪費時間的事情是什麼？
4. 籌辦第一場活動時，感覺如何？
5. 此後你籌辦講座有做什麼改變嗎？

我們根據志工的回答，設計出相關的支援系統，以此在領袖領導社群的每個階段提供相對應的協助。從第一次與我們接觸到舉辦第十次活動，這一路上，我們能如何幫助志工呢？現任創意早晨營運總監，也是前任多倫多創意早晨籌辦人，凱爾·巴普蒂斯塔（Kyle Baptista）的解釋最到位：「在總部，你就是為社群服務。」[59]

　　接下來三年，我們團隊產製出豐富的資源，像是設計簡易的行銷工具。新成立的分會使用並重組這些資源，與潛在合作夥伴建立信賴關係。2015 年我離開時，創意早晨總部已在 100 多個城市支援世界各地的志工。在此之後，分會的數量近乎翻倍。[60]

---

59. 凱爾·巴普蒂斯塔與麗莎·西福恩特斯（Lisa Cifuentes）於 Get Together Podcast 第 16 集表示。
60. 「城市」（Cities），創意早晨，creativemornings.com。

透過範本、固定模板、最佳實踐法及其他資源，使世界各地的創意早晨策劃者更容易發起自己的分會。Photo by Majid Sadr for CreativeMornings/Tehran

Photo by Bekka Palmer for CreativeMornings

我在創意早晨採取的策略與在理工學院時解決問題的方法並沒有太多差別。關鍵是要有系統地工作：先評量，再進化。不論是參與校園活動、創意早晨或我合作過的社群，都一再向我證實，流程驅動的思維方式能讓我們知道，自己擁有許多機會能讓他人在工作上表現得更好。

　　請將這樣的思維應用在自己的社群裡。雖然每位領袖所需要的支援會依據所屬社群而有所不同，但你還是能分解他們的工作流程，在流程中的每一步及活動中，找到讓工作變得更簡單的機會，或是能節省時間、啟發他們的創意或讓工作變得更有效率。當你強化領袖，就能提升自己的影響力。

　　一旦整理好基礎資源，接下來就讓這些領袖互相幫助。現今的創意早晨總部已鮮少提供資源給各分會領袖，而是花時間尋找、點出並分享第一線領袖的最佳實踐法及資源。

新的領袖能為社群注入活力。而你得做的便是瞭解整個歷程，以明瞭該如何在每一個階段裡，為領袖提供必要的支持。

Kevin Huynh

記住最初的為什麼

── 凱伊‧埃爾默‧索托

我對自己從平凡 eBay 員工，轉變為最熱衷於 eBay 社群的成員的那個時間點，至今仍印象深刻。

2002 年，我加入已成立六年、正突飛猛進的拍賣網公司。那時，eBay 已不再是讓人販賣貝思糖果玩具（Pez dispenser）及娃娃的地方。即便自稱為「意外創業家」的初期賣家，仍虔誠地使用該網站交易，然而大型線下零售商開始使用 eBay 為主要網路銷售平台。eBay 公司在這段時間快速擴展。

為了慶祝公司擴大，我們在 2002 年夏天舉辦了 eBay 第一個實體慶祝活動 eBay Live!。透過這場活動，我們聚集了 eBay 多元的利害關係人，包含員工、個人賣家、大型企業、合夥人等，只為

凱伊於 eBay Live! 活動穿著馱鹿服裝與 eBay 北美行銷長蓋瑞・布里格斯（Gary Briggs）合照。

Photo courtesy of Kai Elmer Sotto

了一個共同目標：創建一個蓬勃發展、大眾化的線上市場。

　　隔年，在美國佛羅里達州奧蘭多市舉辦的 eBay Live!，我們意外設計了一項更能凝聚我們公司社群的儀式。

　　我與幾位同事花了整整三天做教學、建立人脈，並聆聽各類賣家的故事。在最後一晚的宴會中，我們幾位提早到場，站在入口處外的走廊等待。不久，又來了幾位員工，我們自然而然地沿著牆壁排成兩個隊伍，形成了人體隧道。

　　當賣家穿越人體隧道入場時，有幾位員工開始和他們認識的人擊掌、擁抱，我們開始鼓掌，愈拍愈大聲，沒有停止。後來，超級賣家們也開始為我們鼓掌，整個走廊充滿了掌聲。

　　超過 15 年後，我仍記得那晚我們與賣家們為

彼此鼓掌的那一幕，從走廊拍到進宴會廳為止。我記得自己為一名賣果醬的婦女歡呼，她用收入付清農場房屋貸款，給她老公驚喜；我記得自己為一位讓自己傢俱銷售成長四倍的加拿大人鼓掌；我記得自己與一名來自德州奧斯汀市（Austin, Texas）的開發人員擊掌，他研發的賣方 app 最終發展成上市公司；我記得自己擁抱一名賣收藏品的老先生，推著輪椅穿越人體隧道。

我們來自同一個社群，一起追尋共同的目標。那一刻，我不是坐在大型企業象牙塔裡，不懂人間疾苦的渾球，而賣家們不是因系統更動感到不耐煩的奧客。這一刻雖即興，卻充滿能量，我們真誠地感激彼此。拍手隧道自此成了 eBay Live! 的傳統，也是未來所有活動必備的儀式。

Kai Elmer Sotto

附 錄 /

Appendix

本書希望幫助更多想要凝聚人群的人，如果你是這樣的人，或期待自己成為這樣的人，請讓我們認識你。我們期待能聚集像你一樣的領袖，進而幫助彼此打造更實在的社群。沒有你的故事、洞見和熱情，我們將無法成功。

歡迎至以下網站，介紹自己及你正在培育的社群：

gettogetherbook.com/hi

只要你聯絡我們，我們保證會回覆。我們能一起達成的，遠比獨自一人多出更多。

一起向前邁進吧！

如何與人們一起打造社群

你正在建立社群的哪一個階段呢?請使用以下清單來
釐清下一步,或認出過程中錯過的步驟。

點燃火苗　聚集你的同路人

1. 聚焦,找出革命夥伴

☐ 寫下社群成立的目的:釐清社群想要聚集「哪些
人」?又「為什麼」想聚在一起?

☐ 列出初期的合作夥伴(你的「火種」)。

2. 一起玩活動,讓樂趣加倍

☐ 聚集人們參與第一場活動,設計一項「富有意
義」、「人人都能參與」的活動。

☐ 若人們渴望更多場活動,就「重複舉辦」!若沒
有,就重新腦力激盪。

3. 讓大家開口，交談更要交心

☐ 設計一個成員能繼續交流及對話的「空間」。

☐「引導」對話，讓新朋友感到受歡迎、願意參與。

☐ 建立版規、設立管理員及其他「架構」，使對話
更聚焦。

增添柴火　和夥伴凝聚在一起

4. 讓更多人呼朋引伴加入社群

☐ 公開社群的「創始故事」給任何有興趣的人。

☐ 提供成員向世界「分享」自己故事的機會。

☐ 將「聚光燈」打在傑出成員的身上，透過慶祝他
們的表現來激發社群活力，並引起潛在成員參與
的意願。

5. 讓社群成為獨一無二的「我們」

☐ 使用「徽章」代表社群的身分。

☐ 建立能維繫成員間關係的代表性「儀式」。

☐ 發展社群獨特的共同「詞彙」。

6. 關注鐵粉，掌握社群狀態

☐ 追蹤成員「留存率」，以確保社群穩定健康地成長。

☐ 尋找積極參與的成員，這些是有潛力成為未來領袖的「積極份子」！

☐ 準備好在決策失誤時承擔責任，公開透明地與成員溝通。

傳遞火把　和夥伴一起成長

7. 提拔領袖，分擔你的責任

☐ 定義身為領袖應有的「資格」條件。

☐ 思考如何找出「真誠的」潛在領袖。

☐ 將領袖職務分解為大大小小的階段任務，逐漸增加成員的責任感。

☐ 為領袖們建立回饋機制。

8. 讓你的領袖團隊變得更強大

☐ 繪製出「領袖歷程」的重要步驟。

☐ 設計支援系統，強化有價值的活動，減少或淘汰毫無用處的活動。

9. 一起慶祝社群的成就，再往前邁進

☐ 為慶祝活動設定「明確目的」。活動能如何幫助社群成長？

☐ 於活動中融入社群的徽章、儀式及共通語言。

☐ 記錄你們共同取得的成就，並以回顧這些成就為活動作結。

感謝你們！

致我們的編輯 Hannah Davey。謝謝你讓這本書變得更為清楚、具體，也對讀者更有幫助。

致大力支持我們的 Brianna Wolfson、設計師 Tyler Thompson 和 Kevin Wong、Olivia Chernoff、Shaun Young、Patrick Collison、文字編輯 Susannah Kemple、我們最初的 Stripe 支持者 Courtland Allen 和 Matt Richman，以及 Stripe Press 團隊的其他人。謝謝你們相信我們，協助我們把文字變成美麗的工藝品。身為 Stripe 的作者，我們深感自豪又滿懷感激。

致我們早期的讀者與顧問，謝謝他們提供坦率又熱情的回饋：Anne Libby、Aria Marinelli、Ashlea Sommer、Carly Ayres、Christina Xu、Craig Pearce、Daylon Soh、Edlyn Yuen、Edythe Hughes、Ekaterina Skorobogatova、Emily Lakin、Eric Antonow、Eva Jellison、Fabrice Nadjari、Fiona Brown、Gary Chou、Gregor Hochmuth、Hannah Ray、Isabel Martinez、Jennifer Azlant、Jessica Kausen、Jessica Shambora、Jiwon Moon、Joshua Orr、Kevin Webb、Kurt Yalcin、Laura Brunow Miner、Leslie Jonath、LiJia Gong、Luisa Brimble、Mackey Saturday、Maria Cacenschi、Marysella Castillo、Miraya Berke、Nick Sullivan、Niko Lazaris、Renyung Ho、Ross Drakes、Ru Hill、Ryan Burg、Sachin Monga、Sally Rumble、Sarah Lidgus、Scott Hunzinger、Toon Carpentier、Travis King 和 Yoko Sakao

Ohama。感謝 Orbital 社群在這整個過程中,提供我們需要的素材、解答與鼓勵。

致 People & Company 的第一批粉絲:Sheila Marcelo、Paul Santos 和 Eric Manlunas。致 Julie Kim,謝謝你相信這個點子能埋下種子。如果不是你對我們充滿信心,這本書不會成功問世。

致為本書貢獻聲音、影像和親身考驗的夥伴。你們是我們的英雄。謝謝你們,讓我們得以認識、分享你們的故事:Ali Leung、Amy Reeder、Andrew M. Guest、Anne Luijten、Arianna McClain、Aria McManus、Bekka Palmer、Bree Nguyen、Brennan Swain、Brittany Cunningham-Scott、Chelsom Tsai、Corri Goates、Dan Madsen、Ebad Ghafoory、Gavin Pretor-Pinney、Gonzalo Esteguy、Greg Jones、Hadley Ferguson、Hector Espinal、Jo Thomson、Juli-Anne Benjamin、Kate Jhaveri、Kelton Wright、Kelvin Gil、Ken Quemuel、Knikole Taylor、Kursat Ozenc、Kyle Baptista、Lauren Gesswein、Lisa Cifuentes、Lola Omolola、Majid Sadr、Margret Aldrich、Marshall Ganz、Mia Quagliarello、Mike (@Veritas)、Nobu Adilman、Jerri Chou、Paul Jun、Priya Parker、Rob Deslongchamps、Robert D. Putnam、Robert Wang、Ryan Fitzgibbon、Tina Roth Eisenberg、Sara Pollack、Sebastian Betti、Scott Heiferman、Taylor Larimore、Tim Williams 以 及 Tora Chirila。

與你分享

「一個人能致贈的最棒禮物，就是激勵他人培養勇氣。如果人們勇於作為，他們可以做到任何真正想做的事情。因為，他們將得以規劃自己的人生。」

這則馬雅·安傑洛的名言引自她為琴·尼德契自傳寫的序（兩位是非常要好的老朋友）。

琴·尼德契。《琴·尼德契的故事：自傳（暫譯）》（The Jean Nidetch Story: An Autobiography by Jean Nidetch），紐約：減重監察員出版集團（Weight Watchers Publishing Group），2009。

「死滅的灰燼無法生火，毫無生氣的人無法激發熱情。」

這則名言常被認為是詹姆斯·鮑德溫（James Baldwin）所述，然而出處已不可考。根據 Quote Investigator，這則名言最早出現在 1942 年一期的《紐約》（New York）雜誌，出處被簡單註明為「鮑德溫」。

〈熱情〉（Enthusiasm），第 8 頁，Elmira Star-Gazette，1942/5/2。Quote Investigator。2019/3/21。https://quoteinvestigator.com/2019/03/21/embers/#note-22066-1.

「對我而言，一個能和平共處的社會，就好比每個人都帶一道菜過來的朋友聚餐。這是一個每個人都有所貢獻，能建立友誼的社會。」

這則名言引用自耳舒拉・富蘭克林於 CBC（加拿大廣播公司）上一則由奧斯汀・克隆（Austin Kleon）介紹給我們的訪談。

耳舒拉・富蘭克林在加拿大廣播公司（CBC）的節目 The Current 的訪談（Part 2 of 2）。YouTube 影片，9:39，由 UnionStayshyn 發布，2010/7/29。
https://www.youtube.com/watch?v= 7UJkrZ396VI。
引自奧斯汀・克隆，Tumblr，〈和平社會的美夢，對我而言仍然是 ……〉（The dream of a peaceful society to me is still the...），2016/10/12。
http://tumblr.austinkleon.com/post/151719828466。

參考資料

253

國家圖書館出版品預行編目資料

聚眾商機：互動 X 黏著 X 擴散，9 步思考打造高互動
社團 / 貝莉‧理查森 (Bailey Richardson)，黃凱文
(Kevin Huynh)，凱伊‧埃爾默‧索托 (Kai Elmer
Sotto) 作；張聖晞譯 . -- 初版 . -- 臺北市：三采文化股
份有限公司 , 2022.08
面；公分 . -- (Trend)
譯自：Get Together: How to build a community with
your people
ISBN 978-957-658-865-5(平裝)

1.CST: 社團 2.CST: 網路行銷 3.CST: 社會行銷

496   111009052

TREND 76

聚眾商機：

互動 × 黏著 × 擴散，9 步思考打造高互動社團

作者│ 貝莉‧理查森 Bailey Richardson、黃凱文 Kevin Huynh、凱伊‧埃爾默‧索托 Kai Elmer Sotto
譯者│ 張聖晞
編輯四部 總編輯│ 王曉雯   執行編輯│ 王惠民   文字編輯│郭慧
美術主編│ 藍秀婷   封面設計│ 池婉珊   內頁設計│ 池婉珊
內頁編排│ 曾瓊慧   校對│ 周貝桂

發行人│ 張輝明   總編輯長│ 曾雅青   發行所│ 三采文化股份有限公司
地址│ 台北市內湖區瑞光路 513 巷 33 號 8 樓
傳訊│ TEL:8797-1234 FAX:8797-1688   網址│ www.suncolor.com.tw
郵政劃撥│ 帳號：14319060   戶名：三采文化股份有限公司
本版發行│ 2022 年 7 月 29 日   定價│ NT$420

GET TOGETHER: How to build a community with your people
by Bailey Richardson, Kevin Huynh and Kai Elmer Sotto
Copyright © 2019 by People & Company
Complex Chinese translation copyright © 2022 by Sun Color Culture Co., Ltd.
Published by arrangment with Nordlyset Literary Agency through Bardon-Chinese Media Agency
博達著作權代理有限公司
ALL RIGHTS RESERVED

著作權所有，本圖文非經同意不得轉載。如發現書頁有裝訂錯誤或污損事情，請寄至本公司調換。 All rights reserved.
本書所刊載之商品文字或圖片僅為說明輔助之用，非做為商標之使用，原商品商標之智慧財產權為原權利人所有。